JN098799

おいしい オウトウ栽培

富田 晃・米野智弥
［著］

農文協

まえがき

本書の発行元である農山漁村文化協会から『オウトウの作業便利帳』が発刊された一九九三年当時、国内のオウトウ栽培面積は３５７０haであったが、26年経った二〇一九年には４６９０haまで拡大している。カンキツ、リンゴ、ブドウなどほぼすべての果樹で栽培面積が減少するなかで、オウトウだけが栽培面積を拡大していることは、生産者のオウトウに対する期待感が大きいことの現われであろうと感じている。

しかし、近年は、生産者の高齢化、担い手不足や収穫・調製のための雇用労働力不足、さらには地球温暖化などオウトウ栽培を取り巻く環境はきびしさを増してきており、品質の高い果実を安定生産しにくくなっているのが現状である。一方で消費者の要求は、より大玉で、より着色のよい果実を求めるようになってきており、生産者にとっては省力的かつ、効率的な栽培管理技術が必要になってきている。

そのため本書では、省力化が期待される新たな樹形、安定生産のための結実確保対策、着色期以降の高温対策など、近年のオウトウ生産を取り巻く課題に対応すべく、最近の研究データを使ってわかりやすく解説した。また、オウトウ生産（栽培面積）が国内でもっとも盛んな山形県、そして全国第3位でオウトウ経済栽培の南限である山梨県の担当者が、それぞれの県の技術について議論しながら仕上げた本書は、分担執筆はしつつもその枠を超えた文字通りの共著として、国内の幅広い地域で参考にしてもらえるのではと自負している。

この本を執筆するにあたり、山形県農業総合研究センター園芸農業研究所や山梨県果樹試験場の研究成果を数多く引用、参考にさせていただいたことに深く感謝申し上げる。

本書がオウトウ生産に携わる多くの方々に活用され、栽培技術の向上に少しでも役立てていただければ幸いである。

二〇二〇年九月

米野　智弥

基礎からわかる
おいしいオウトウ栽培

目次

序章 おいしいオウトウづくりの基本――おさえておきたいポイントと生育特性――10

気象条件 寒冷地果樹にきびしい温暖化、気象変動――15

適正樹相 オウトウの理想的な生育とそこへの誘導――10

樹づくり 採光のすぐれる樹形をつくる――12

生育特性 結果習性と花芽の特徴――18

基本編

第1章 開園・植え付け――作業性と果実品質を重視した樹づくり――23

成木のステージ別管理

第8章 おもな病害虫と生理障害——108

第9章 ハウス栽培——122

8月			9月			10月			11月			12月
旬	中旬	下旬	上旬	中旬	下旬	上旬	中旬	下旬	上旬	中旬	下旬	
											落葉期	
花弁形成期	雄ずい			雌ずい			柱頭形成期			花糸形成期		
	←夏季せん定→			施肥（元肥）								
	←→											
			←→								←→	
	←→											
	←→											
かく乱剤設置	------	------	------	------	------	------	------	------→			←→	
	⑪		(○)								(○)	

8月			9月			10月			11月			12月
旬	中旬	下旬	上旬	中旬	下旬	上旬	中旬	下旬	上旬	中旬	下旬	
												落葉期
弁期		雄ずい			雌ずい				柱頭形成期		花糸形成期	
			施肥（追肥）					施肥（元肥）				
			←→									←
						←→						
			←⑩→			←(○)→						←

＊本書で紹介している施肥基準など各指標は、東北・北海道では山形県を、甲信以南は山梨県のそれを参考にしてください。
ただし、同じ地域でも標高などで条件が異なりますので、左の表の生育も参照して適宜ご判断くださるようお願いします。

オウトウの生育過程とおもな栽培管理　㊤山形県　㊦山梨県

山形県		1～2月		3月上旬	3月中旬	3月下旬	4月上旬	4月中旬	4月下旬	5月上旬	5月中旬	5月下旬	6月上旬	6月中旬	6月下旬	7月上旬	7月中旬	7月下旬
樹の性質						発芽期			←開花期→				着色始期	←	収穫期	→		
花芽の分化・生育														花芽分化 初期 第1期 第2期				が 形
おもな栽培管理	樹体管理	雪害対策	←整枝せん定→									←雨よけ被覆期間→					施肥（礼肥	
	結実確保対策						←防霜対策→		人工受粉									
	高品質果実生産対策						摘芽					摘果、摘心	摘葉、反射マルチ設置	収穫・箱詰め・出荷				
主要病害虫のおもな防除時期	灰星病				←	→			←	→			←	―	―	→		
	炭そ病				←	→				←	→						←	―
	褐色せん孔病									←	―	→					←	―
	樹脂細菌病				←	→												
	ウメシロカイガラムシ				←	→						←→				←→		
	ハダニ類				←	→						←→						
	コスカシバ						←→					←- - -	- - -	- - -	- - -	- - -	- - -	- - -
	オウトウショウジョウバエ													←	―	→		
防除回数　（　）は特別散布						①	(○)		②	③	④	⑤	⑥	⑦	⑧	⑨		⑩

山梨県		1～2月		3月上旬	3月中旬	3月下旬	4月上旬	4月中旬	4月下旬	5月上旬	5月中旬	5月下旬	6月上旬	6月中旬	6月下旬	7月上旬	7月中旬	7月下旬
樹の性質						発芽期	←	開花期→				着色始期	←	収穫期	→			
花芽の分化・生育												花芽分化 初期 第1期 第2期				がく片形成期		
おもな栽培管理	樹体管理		←整枝せん定→									←雨よけ被覆期間→、新梢管理（誘引・捻枝）			施肥（礼肥）	←夏季せん定		
	結実確保対策						←防霜対策→、人工受粉											
	高品質果実生産対策										摘果	摘葉、←摘心→、←反射マルチ設置→	収穫・箱詰め・出荷					
主要病害虫のおもな防除時期	灰星病						←	―	→			←	―	―	→			
	炭そ病						←	→										
	褐色せん孔病															←	―	―
	樹脂細菌病																	
	ウメシロカイガラムシ	―→								←→						←	→	
	ハダニ類											←→			←	→		←
	コスカシバ																	
	オウトウショウジョウバエ												←	―	―	→		
防除回数　（　）は特別散布		―	―	―	①―	―→	←②	→	③	④		⑤	⑥	←⑦	→／←⑧	→	←⑨-	

序章

おいしいオウトウづくりの基本

おさえておきたいポイントと生育特性

適正樹相　オウトウの理想的な生育とそこへの誘導

1 オウトウはモモ型果実

元鳥取大学の高橋国昭先生は著書『落葉果樹の高生産技術』（農文協）のなかで、わが国の落葉果樹をブドウ型、リンゴ型、モモ型の3タイプに分け、物質生産（光合成生産）の違いについて紹介している。このなかで、オウトウはモモ型に分類されている。

モモ型の果樹は開花が早く花数も多いので、貯蔵養分の消費が大きい。したがって、高品質な果実を生産するには、早期に展葉し、早期に伸長を停止するような管理が必要で、摘芽や摘蕾、早期摘果の効果が高いとしている。

このような観点からオウトウの理想的な生育と適正樹相は、以下のように考えられる。

●光環境改善で葉の光合成活性を持続

オウトウの光合成活性は、展葉後30～45日で最大に到達し、その後は老化によって徐々に低下するが、この低下は展葉後の日数だけでなく、光環境も影響する。摘心など新梢管理によって光環境を改善すると、老化による光合成活性の低下を抑え、長期間高いレベルで保つことができる。

●新梢基部葉の早期確保と新梢伸長のコントロール

オウトウの果実品質は、果実周辺の葉からの光合成産物の転流量に左右される。また新梢部位別に果実への光合成産物の分配を見ると、基部＞中間部＞先端部からの順となる。つまり新梢基部、そして果実周辺の葉の光合成産物が重要ということである。

一方で、新梢内で光合成養分を引く力（シンク活性という）は先端側ほど強い。オウトウは果実成熟期の大半が枝葉の発育期と重なり、果実肥大最盛期でも果実より枝葉のほうがシンク活性は強い。新梢の旺盛な生育が収穫期まで続くと光合成産物の果実への分配は少なくなる。

そこで、光合成産物の果実への分配を高めるには、果実の生長に直接寄与する葉を早期に確保し、摘心などで新梢伸長を人為的に止めることが有効となる。

摘心など新梢管理を行なうと全体として葉面積が減少し、光合成産物が減るのではないかと思うかもしれない。しかし、光環境を改善することによって光合成活性を高いレベルでむしろ長期間保持でき、新梢基部葉からの光合成産物の分配率を高める働きがある。

（以上、富田）

2 適正樹相に導くには

●樹相診断と樹ごとの管理

高品質果実を安定生産するには、自園の樹の樹勢が強いのか弱いのかの生育状態を把握し、それに合わせた栽培管理を行なうことである。とくに、施肥、整枝せん定、着果管理は、樹ごとに樹勢を判断して、それに合わせた管理が必要である（表序-1）。

密植園などで樹がまだ樹冠拡大している時期に隣接樹と枝がぶつかり、日当たりが悪くなるという理由から枝を切り詰め、樹勢を強くしてしまっている事例をよく見かける。定植の際は、園地の肥沃度や台木の種類などを考慮し、樹がのびのびと生育できる距離を確保しておくのが大事だが、計画密植などで植栽本数が多い園では、隣接樹と枝が重なり合ってきたら迷わず縮・間伐を実施し、残した樹をのびのびと生育させることが、適正樹相への近道である。

●台木の選択も重要

山形県で栽培が増えている「紅秀峰」は結実しやすい品種であるとともに、新梢の発生が少なく、適正な樹勢を維持しにくい品種である。樹勢が弱ってしまうと果実品質が劣化するだけでなく、枯死に至る場合がある。一度樹勢が弱ってしまうと、回復させることが困難なので、「コルト台」などの強勢な台木を用いるなどして、「佐藤錦」より強めの樹勢を維持する。

ちなみに「紅秀峰」の場合、①新梢停止

表序-1　樹勢を考慮した栽培管理

管理項目	樹勢		
	強	中庸	弱
施肥量	施肥量減（とくにチッソ肥料）	標準量	施肥量増（とくにチッソ肥料）
施肥時期	収穫直後：年間施肥量の 20 ～ 50% 9 月上～中旬：年間施肥量の 50 ～ 80%		収穫直後：年間施肥量の 20% 8 月上旬：年間施肥量の 20% 9 月上～中旬：年間施肥量の 60%
冬季せん定	せん定量：小 側枝先端の新梢は 1 本に整理しない 立ち枝は適宜間引く	せん定量：中 下がり枝をせん除 側枝先端の新梢は 1 本に整理 立ち枝は適宜間引く	せん定量：中 下がり枝、下向きの花束状短果枝をせん除 側枝先端の新梢は 1 本に整理 立ち枝は可能な限り残す
夏季せん定	太枝を中心に間引く	実施しない	
摘芽	実施しない（「紅秀峰」では実施）	受粉樹が確保されている園では実施	実施（極端に弱い場合は全花芽を摘芽）
摘果	実どまり判明後～満開 25 日後までに		実どまり判明後できるだけ早期に実施
着果数	やや多めに着果	通常着果	少なめに着果

期（6月下旬）の側枝先端新梢長（目通りの高さ）が30〜50cm、②側枝先端から1〜3本の新梢が発生し、側枝途中からも新梢が発生、③花束状短果枝の最大葉身長は13〜15cm、が適正な生育の目安である。

●好適な樹相を保つ土づくりの役割

オウトウ栽培の適地は扇状地である。河川が山肌の土砂を削りながら流れ下るとき、削れた土砂が扇形に堆積した場所で、礫を多く含み、水はけがよいのが特徴である。礫層の上に肥沃な黒ボク土が堆積しているようなところが望ましく、山形県内でオウトウ栽培が盛んな地域のほとんどはこうした扇状地である。

一方、地球温暖化の影響と思われる極端な豪雨や干ばつが近年多発し、樹体にストレスがかかりやすい気象条件となっている。好適な樹勢や樹相を保つには、樹が通常に生育活動を続けることが重要で、そのためには根がしっかり働いて必要な養水分を過不足なく吸収できるよう深耕などで十分な根域を確保する。また堆厩肥などの有機物を積極的に投入し、土壌内の団粒構造を発達させ、保水力、保肥力に優れ、孔隙量の多い土壌をつくることも重要である。

（以上、米野）

樹づくり　採光のすぐれる樹形をつくる

1 「桜切る馬鹿…」の誤解

●冬に強く切るのはよくないが…

「桜切る馬鹿、梅切らぬ馬鹿」とは、庭木の桜と梅のせん定法を表現したたとえである。桜は、枝を切ると、切り口から木材腐朽菌が入って枯れ込むので切らないほうがよく、梅は枝を切らないと無駄な枝が多くなり、込み合って枯れるので、切って整理したほうがよいことをいっている。

サクラ属であるオウトウの樹も、初期生育が旺盛で、冬場に非常に乾燥する山梨県では、昔からできるだけ切らずに自然の生長に任せるのが主流だった。「桜切る馬鹿」にならぬよう実践してきた。ところが、あまり切らずにいると、花束状短果枝（後述）が増え、樹皮も赤褐色から灰褐色になって樹勢は急速に落ち着いてくる。こうなると、オウトウは樹勢を回復させるのがとても難しくなる。本当は、幼木時から枝を適度に切って少し強めの樹勢を維持したほうが、管理は容易である。

現在は、摘心による新梢管理の方法が確立している。そこで、冬季せん定で樹勢はやや強めに維持し、強すぎる新梢があればその摘心でコントロールすればよい。「桜切る馬鹿」のたとえは、オウトウに関しては誤解ということになるが、かといって極度に衰弱した樹を強く切って回復させるようなことは「桜切る馬鹿」になりやすく、厳に慎みたい。

●花束状短果枝の着生と維持が大事

オウトウの結果枝には長果枝と短果枝がある。また、短果枝のうち腋花芽が密について開花すると花束状になるものを「花束状短果枝」と呼んでいる。花束状短果枝はオウトウの結実の主力である（18ページ「結実は花束状短果枝が主体」参照）。

　花束状短果枝には葉芽が一つ、花芽が複数個つく。花芽は開花・結実すると、それ以降芽は着生しないが、葉芽のほうは伸長してふたたび花束状短果枝を形成し、果実をつける。

　このようにして、同じ部位から発生する短果枝は年々先に移行し、そのまま使い続けると、年次を重ねることによって衰弱して葉も果実も小さくなり、生産力は次第に低下する（写真序-1）。また、同じ花束状短果枝でも下向きの勢力の弱いもの、日当たりの悪い位置にあるものは2～3年で枯死してしまう場合が多い。

写真序-1　年次を積み重ね衰弱した、花束状短果枝

　こうした花束状短果枝を強く長く維持するには、整枝せん定によって日当たりをよくし、それが着生している枝をやや強めに切り返すとよい。採光条件のよい樹にすることで、同じ花束状短果枝を5～6年使用しても玉張りのよい果実を生産できる。

　オウトウは、若木のときは早く樹を落ち着かせて花束状短果枝が多く着生するように管理するが、成木以降は、適度な冬季せん定を行なって適度に新梢が発生する状態を保つのがよい。

2 段階的に骨格枝を整理、すっきりした枝ぶりに

　骨格となる枝は、重ならないように配置し樹冠内部まで日射が入り、作業しやすい構成とする。これは、主幹形から変則主幹形、遅延開心形へ樹齢に応じて樹形を変えていく場合も、最初から心が開いた自然形整枝の場合でも基本的には同じである。

●樹形を変えていく場合の骨格枝配置

　樹齢に応じた仕立て方をする場合、幼木時は主幹形に仕立てる。この年代には、主幹に対して勢力のバランスがとれた角度の広い側枝を多く養成する。主幹延長枝と競合するような斜立する強い枝は間引くが、その他の枝はできるだけ残し、樹を落ち着かせる。強い側枝は、早い段階から間引いて整理する。その後、それぞれの枝に側枝を形成していくと、先端が弱り、基部が強くなる。樹勢が落ち着きだしたら、主枝候補枝としてゆるやかに斜立した枝を4～5本選んで枝を整理する。

　次に変則主幹形の年代は、主枝候補となる4～5本の枝以外の空間に、成り枝を配置して結果部位とする。生長に伴って結果部位が重なるようになったら、成り枝を順次間引く。側枝も込み合っているものや、主枝に対し大きすぎてバランスの悪いもの

は、全体の樹勢を考慮し、小さいものに更新するか、切り戻しを行なう。

最後に遅延開心形として完成したときに、骨格枝になる主枝は3本程度とし、第1主枝は地上50～60cm、第2主枝は第1主枝から30～40cm、第3主枝は第2主枝から30cm程度の間隔をとるようにする。

亜主枝の発生位置は、主枝の分岐から1.2～1.5mに第1亜主枝をとり、これより先1.0～1.2mの反対側に第2亜主枝をとる。亜主枝には側枝をつけて結果部位をつくる。側枝の長さは1～2m程度とし、片側60cm前後の間隔で交互に配置する。

●最初から主幹形、開心形の場合の骨格枝配置

一方、最初から主幹形、もしくは開心形でいく場合、主幹形では植え付け6～7年目には、ほぼ盛果期に入った状態になる。側枝の本数は25本程度に整理し、下部の側枝を大きく上部の側枝を小さくして、受光態勢のよい樹形とする。また管理作業がしやすいように、込み合っている側枝を整理して、脚立が入る空間をつくる。

開心自然形は2本主枝を基本とし、各主枝に80～100cmの間隔で2本の亜主枝をとる。側枝の間隔は50～60cmで交互に配置する。樹高は4.0～4.5m程度に抑える。3本主枝の場合は亜主枝にあたる大きな骨格枝はつくらず、1～2m程度の側枝を配置する。

3 新樹形による早期多収

●採光のすぐれる開心自然形

幼木期に直立性を示すオウトウの特性から、山形県では一般に主幹形から変則主幹形、遅延開心形へと樹形を変える（写真序-2左）。

これに対し山梨県では、生育が山形県より格段に旺盛である一方、冬季の乾燥条件が、強せん定による太枝の枯れ込みを招きやすいため、樹齢に応じた段階的な樹形変更は行なわず、モモやスモモのような開心自然形を最初から採用した樹づくりが行なわれている。開心自然形の樹は、フトコロ

写真序-2　山形県で一般的な遅延開心形（左）と、段階的な樹形変更は行なわない山梨県の開心自然形（右）

が開いて樹冠内部への光線透過も良好なうえ（写真序-2右）、計画的に骨格をつくるので、冬季せん定で太枝をせん除することが少なく、切り口からの胴枯病による枯れ込みリスクは少ない。樹高を引き下げられるので作業効率も向上し、生産性の向上にも役立つ。樹形形成には誘引が必要だが、1年の誘引で枝の方向性が固定する。園地管理や薬剤防除の支障にはならない。

写真序-3　水平パルメット整枝の垣根仕立て樹の受粉作業
5段ある側枝のうち、4段目までは脚立なしで作業できる

●早期増収を目指す垣根仕立て

オウトウは直立性が強く、枝の先端2～3芽が伸長して、ホウキ状の樹形になりやすい。このためかつての放任的な仕立て方では、樹高が高くなりやすく、作業的にも、収量・品質的にも課題が多かった。そこで前述した開心自然形や、遅延開心形が取り組まれているわけだが、山梨県果樹試験場では、写真序-3のような「水平パルメット整枝の垣根仕立て」を中心にオウトウの人工整枝に取り組んできた。これらは独特の樹形に仕立てるために、若木のうちから積極的に樹勢をコントロールしなければならないし、花芽形成を促進して早期成園化をはかるため、摘心も夏季せん定も必要である。植え付けてから3年目くらいまでの若木時は、慣行よりせん定や新梢管理に時間を要する。

しかし、①早期に成園化し、早期増収が可能となる、②果実品質が優れ、秀品率も高い、③管理作業が画一化され、効率的になる、④防除効果・効率の向上、⑤大規模経営から観光もぎとり園まで、さまざまな経営で活用できる、などプラス面も多い。

一方で、山形県では、10aあたり収量が少なくなる、また列間の移動を考慮して通路となる隙間を用意しておかないと大変との報告もある。

このほか、最近では後で紹介するV字（V-UFO）仕立てなどにも取り組んでいる。省力化や早期成園化で高い成果が見込まれ、今後の進展が期待される。

気象条件

寒冷地果樹にきびしい温暖化、気象変動

1 寒冷地果樹で適地はせまい

オウトウは果樹の分類上、北部温帯果樹（いわゆるリンゴ地帯で栽培しうる果樹）に属し、栽培適地は年平均気温7～12℃で、耐寒性はそれほど強くない。経済栽培の北限は北海道南部、余市あたりまでとされている。一方、南限は山梨、長野両県のやや冷涼で、休眠覚醒に必要な低温遭遇時間が満たされる地域である。栽培適地の幅がせ

まい。

ほかの果樹に比べて成熟に要する期間が短く（満開から収穫盛期までの日数は早生種で約40日、中生種では45〜55日、晩生種は60〜70日）、イチゴ並みの早熟である。生育期間中に雨が多いと裂果や灰星病などの発生が多いことから、裂果の防止対策として雨よけ施設での栽培が行なわれている。

2 温暖化と発芽・開花の前進化、結実不良

過去30年の気象データで振り返ると、気温は年々上昇している（図序-1）。降水量も1980年代までは減少もしくは横ばいだったが、1990年代以降は増加傾向に転じている。この気象変動の影響はどう現われているのか。

まず、秋冬期の最低気温が上昇すると、関東〜甲信以西（南）の産地では休眠が不足したり、自発休眠覚醒が遅れたりする可能性がある。現在のところまだ、7.2℃以下の低温積算時間は暖冬の年でも十分確保されており、施設栽培で加温開始時期が大幅に遅れるなどの影響は確認されていない。しかし今後、低温遭遇時間の不足が懸念される。

一方、オウトウの発芽日は年々早まっている。これは休眠覚醒後の2〜3月の気温が上昇しているためと考えられ、南の山梨県より北の山形県のほうが顕著である。

また、開花日は年による変動が大きいものの、長期的には早まる傾向が見られる。これも休眠覚醒後の温度上昇が影響していると考えられる。山形県の調査では3〜4月の2ヵ月間の平均気温が高いほど開花期が早まり、主要品種である「佐藤錦」と一部の受粉樹との開花日が開く傾向が

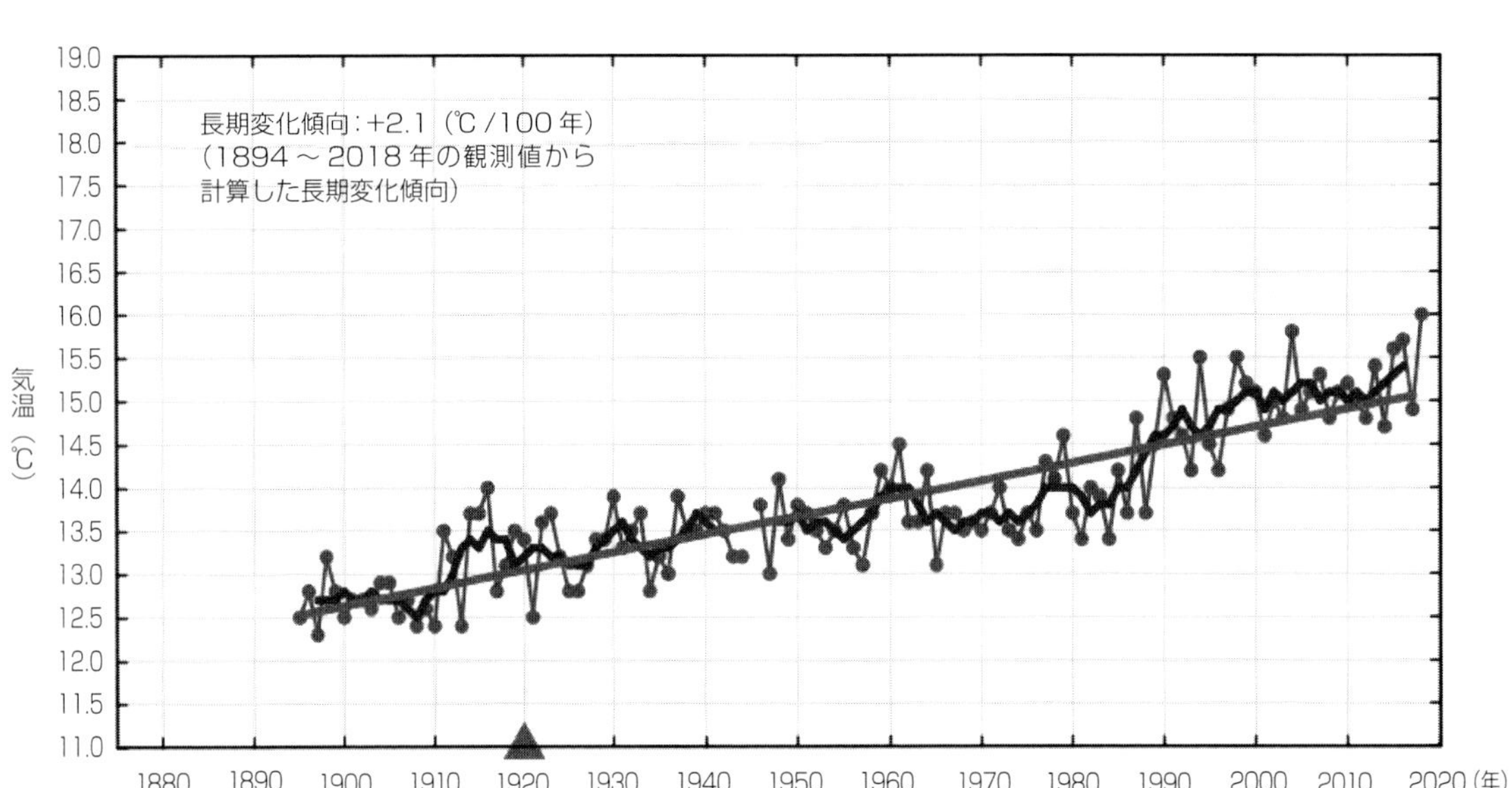

図序-1　甲府地方気象台の年平均気温の経年変化
（東京管区気象台HP『気象変化レポート2018ー関東甲信・北陸・東海地方』2019より）
●；年平均気温、折れ線；5年移動平均、直線；1984〜2018年の長期変化傾向
1920年（▲印）に観測場所が移転

認められている。

3 暖地では結実不良が問題に

こうした影響が現われるなか、これまで気候的には適地とされてきた山形県や山梨県でさえオウトウの栽培は容易ではなくなってきている。栽培が難しいとされてきた西南暖地では、この傾向はいっそう強い。

暖地の栽培で最大の問題点は結実率が低いことである。その原因は、花粉発芽率が低いということのほか、胚珠の充実不足と開花期に胚珠退化が早く進むためである。胚珠退化に及ぼす開花期の高温と高温遭遇時間の影響は品種で異なるが、とくに「佐藤錦」は影響が顕著である。対策としては受粉作業を丁寧に行なうだけでなく、充実した花芽をつくるため、夏から秋の早期落葉防止、病害虫防除のケアに努める。

また、胚珠の寿命に影響するホウ素欠乏にも注意する必要ある。夏季に土壌が乾燥すると、ホウ素の吸収量が低下することが知られている。とくに梅雨明け後は土壌が急激に乾燥し、細根に障害が発生しやすくなる。放っておくとホウ素不足が顕著になるが、症状は果実に発生することが多い。症状が軽い場合は、健全樹に比べて果梗が短く、結実率が低下する。症状が進むにしたがって花芽の着生が悪くなり、開花してもほとんど結実しなくなる。結実した果実にも縮果症状が現われ、みぞ玉症状も発生する。症状の見られる果実の種子は、胚が枯死またはシイナ状になる。

欠乏の兆候が見られたら、秋季にホウ素（ホウ砂）散布を行なう。こうすることで、翌春の胚珠の寿命が延長し、花芽が充実して結実率も増加する。

4 前年夏の高温・乾燥で双子果が増加

オウトウの花芽分化は山梨県では6月上旬に始まり、同月下旬～8月下旬にかけて花弁や雄ずいなどの分化が進む。この時期に高温・乾燥で推移すると多雌ずい花、いわゆる双子果の発生が多くなる。

人工気象室を使って調査したところ（*）、多雌ずい花は35℃・乾燥区がもっとも多く、次に35℃・灌水区、28℃区は乾燥区でも発生は少なく、28℃・灌水区では発生が認められなかった。

このことから、多雌ずい花の発生は高温によっておこり、乾燥条件がより助長することが確認できた。したがって、花器の器官形成が始まる6月下旬～8月上旬が高温で経過し、乾燥状態が続く場合は、定期的に灌水して発生を抑える必要がある。果実が裂果しやすい「佐藤錦」の場合、収穫期まで敷きワラなどで乾燥防止に努め、収穫後は定期的に灌水を行なう。

（*）処理は7/9～8/31に行なった。午前8時～午後5時まで、昼温は高温区35℃、低温区28℃に設定した。夜温は19時（25℃）～7時（20℃）を4段階の変温で共通管理。乾燥区はpF2.7～2.9（葉がややしおれる程度）を目安に週1回灌水。灌水区は、pF2.0～2.2を目安に一日おきに灌水した。

（以上、富田）

図序-2　オウトウの結果習性
１年経過すると葉芽→花束状短果枝に、
花芽→（果実）→盲芽部に変化していく

葉芽
花芽
１年枝
２年枝
花束状短果枝
盲芽部
：葉芽
：花芽
：花束状短果枝
：盲芽部

生育特性

結果習性と花芽の特徴

1 結実は花束状短果枝が主体

花芽のでき方や果実のつき方を「結果習性」というが、オウトウの花芽は、新梢の腋芽が花芽になる「腋生花芽」で、新梢の頂芽が花芽になるリンゴやナシなどの「頂生花芽」とは異なり、結実はすべて腋花芽による（図序-２）。

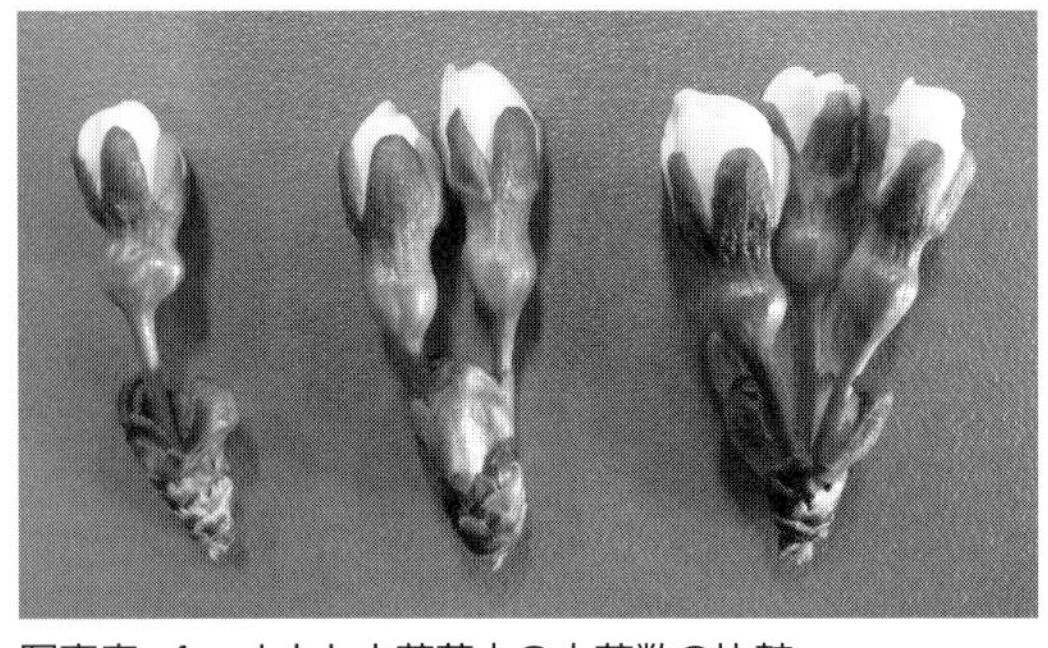

写真序-４　オウトウ花芽中の小花数の比較
左から１花、２花、３花
ふつうは３花程度

発育枝が伸びると、その枝の基部の腋芽が7月中に花芽を形成して、翌年に開花結実する。花芽形成の程度は枝の発育程度によって異なり、中庸な生育の充実した枝ではふつう基部5～6芽が花芽となる。

オウトウの花芽は芽の中に葉芽をもたない純正花芽で、一つの花芽の中に1～6個の小花をつける。小花数は栄養状態や花芽の充実程度によって異なるが、ふつう3花

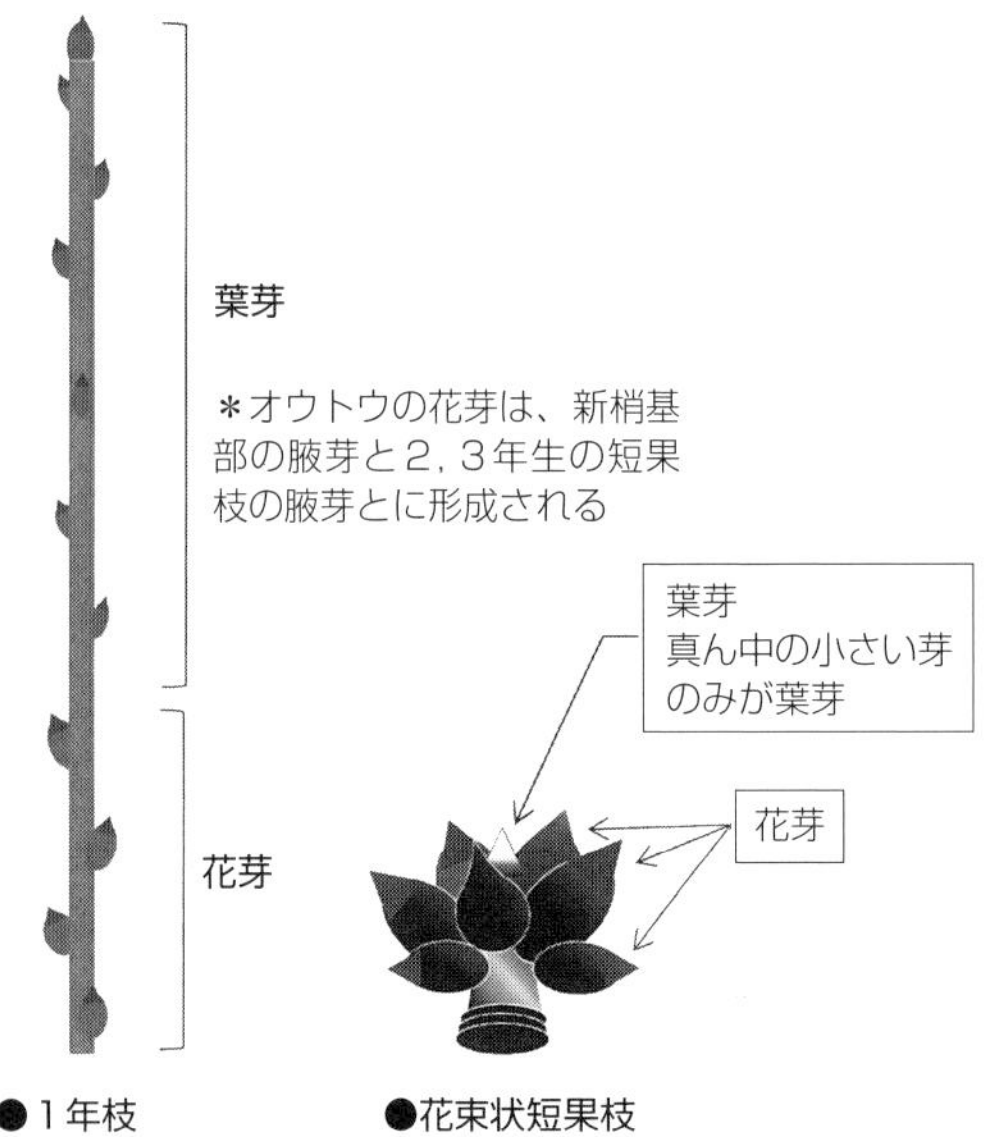

図序-３　１年枝と花束状短果枝

程度である（写真序-4）。また、花芽は新梢の基部にまとまって形成される。これらが結実するとそこは盲芽部となって、ふたたび芽ができることはない。

1年枝の葉芽は翌年には花束状短果枝になる（図序-3）。花束状短果枝の頂芽は葉芽であり、翌年には、この頂芽がわずかに伸びて4～5年は継続して使用できる。条件がよいとその寿命が7～8年になる。

花束状短果枝は、品種によってつきやすいものとつきにくいものがある。同一品種でも日当たりの悪い枝の花束状短果枝の寿命は短く、若木やチッソ過多、強せん定だと花束状短果枝はつきにくく、ついても花芽の数は少ない。花束状短果枝のついた枝は、任意の位置で切ると先端の花束状短果枝数個が再伸長する（写真序-5）。

このように、オウトウの結実は、発育枝の基部に5～6個形成される腋花芽と花束状短果枝の腋花芽の二ヵ所に大別される。花束状短果枝につく花芽は、発育枝の基部につく花芽よりも分化が1週間ほど早く、結実歩合も高いので、オウトウ栽培で生産の主力を担う。強せん定や切り詰めせん定を避け、日当たりの改善や肥培管理に注意し、花束状短果枝の維持を心掛けねばならない。

写真序-5　花束状短果枝の再伸長
花束状短果枝のある位置（矢印）で切ると、先端の数芽がふたたび動き出す

❷ 芽、花芽のつき方

芽、花芽をさらに詳しく見ていこう。

●2／5葉序

葉の付け根にある芽の位置を線で結ぶと、新梢に螺旋(らせん)を描く。前の葉から次の葉まで、新梢の周りを螺旋状にどれくらい回り込むかは樹種によっておおよそ決まっている。

オウトウでは次の葉までに新梢を2／5周（2／5×360度＝144度）し、「2／5葉序」と呼ばれるパターンに分類される。葉に順番に番号を振ると、6番目の葉は新梢をちょうど2周して1番目の葉の位置にくる（20ページ図序-4）。

●花芽分化の時期

オウトウの花芽分化期は地域や地帯により若干異なる。また枝の状態によっても異なり、同一地域あるいは同一樹でも花芽分化は一斉ではなく、ある程度の幅がある。

山形県園芸試験場（現山形県農業総合研究センター園芸農業研究所）が行なった調査で、オウトウ「佐藤錦」の花芽形成は年次や地域、作型によって異なることが明らかになっている。いずれも分化の始まりから、がく片・花弁形成期にかけての差が大きく、雌ずい形成期から雌ずい伸長の始めにかけて縮まり、花器完成にかけてまた開く、といったかたちをとる。

花芽分化の始まりは、山梨県、山形県、北海道の順に早いが、雌ずいが分化し伸長し

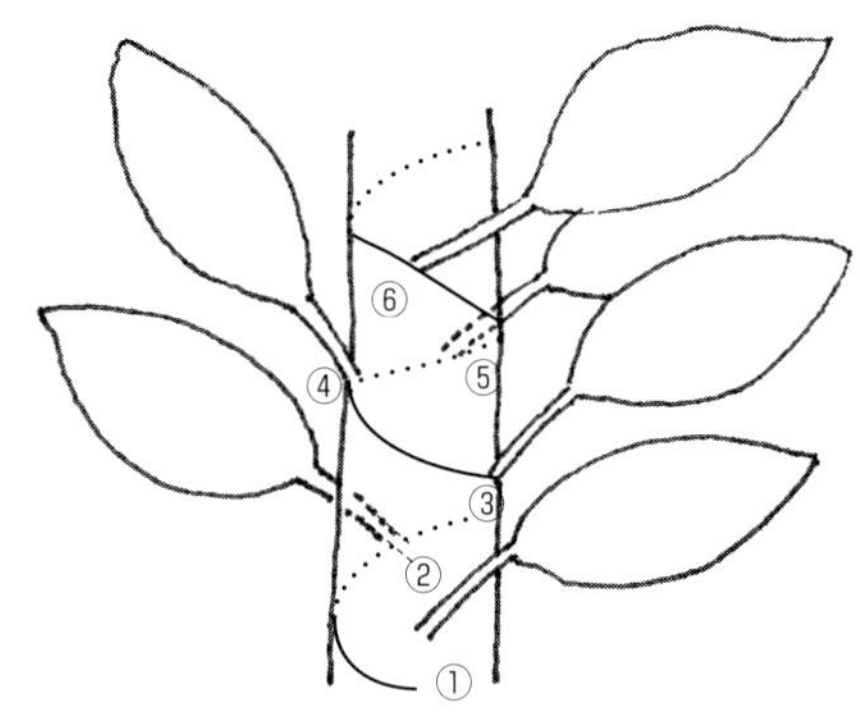

図序-4　オウトウの芽のつき方
新梢の５分の２周（144°）ずつ芽をつける

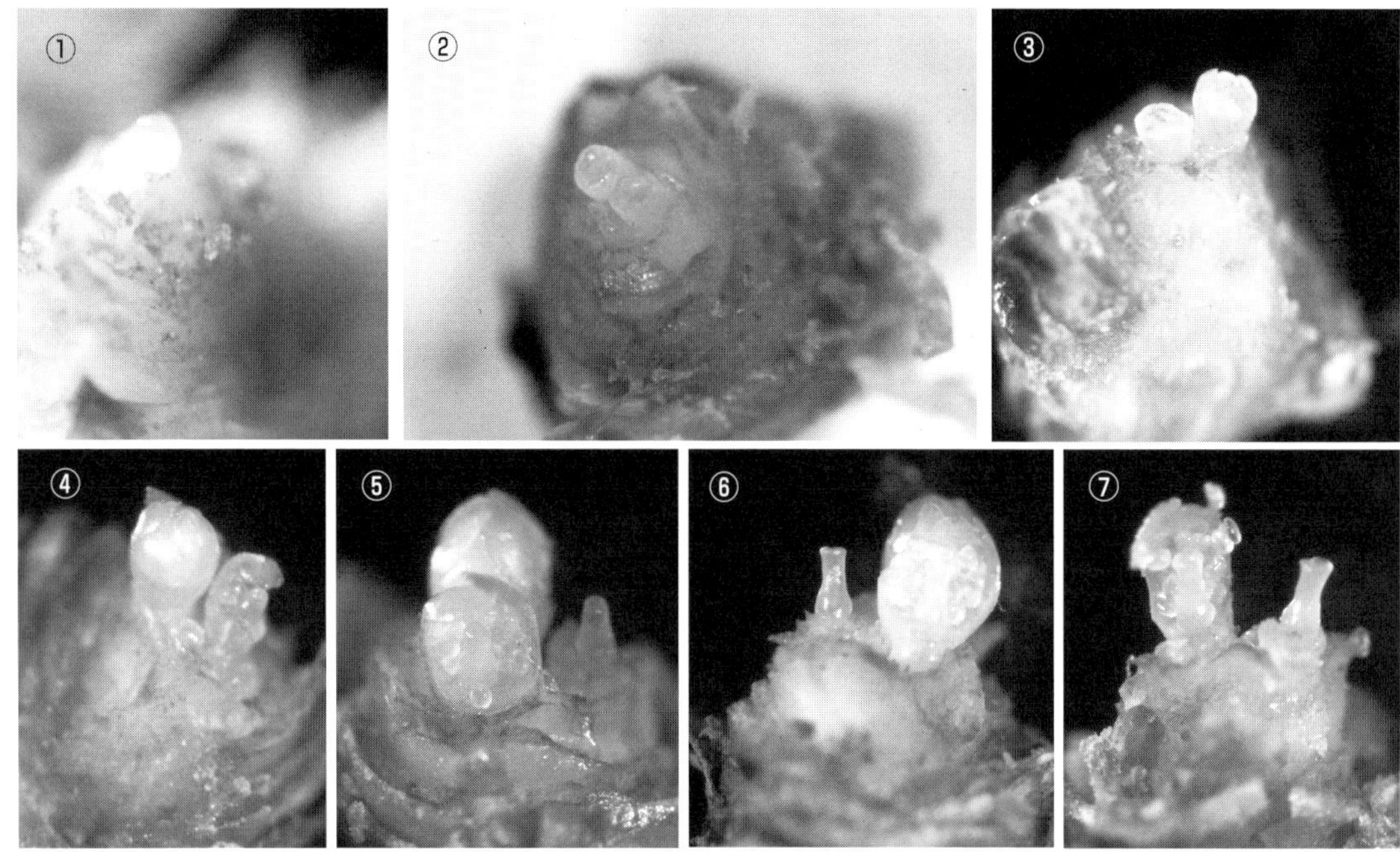

写真序-6　花芽の発達過程（山梨県）
①6月下旬（分化初期）、②7月下旬（花弁形成期）、③8月下旬（雄ずい形成期）、④9月下旬（雌ずい形成期）雌ずい0.2㎜、⑤10月下旬（柱頭形成期）雌ずい0.3㎜、⑥11月下旬（花糸形成初期）雌ずい0.5㎜、⑦12月上旬（花糸形成期）

始める時期は、逆に北海道、山形県、山梨県の順に早い。最終的な雌ずい長は山形県がもっとも長く、次いで北海道が続き、山梨県はもっとも短い。こうした花芽形成の動きは、おもに気温の経過と花芽発育の適温との関係で生じ、日長の影響も一部あると考えられている（54ページ図3-2参照）。

また、顕微鏡による観察では、花芽分化はがく片原基の内側に花弁原基、雄ずい、雌ずい原基の順に形成され（写真序-6）、これはリンゴやナシの場合と同じである。

1年生発育枝の基部につく花芽の分化は1年生短果枝、2年生短果枝につく花芽の分化より遅れる傾向がある。

山形県における花芽分化期は福島県に比べて10日遅れ、岩手県（盛岡）より13～20日早く、北海道より約1ヵ月早い。

（以上、富田）

オウトウ栽培のおもな用語

●核果類

オウトウ、モモ、ウメ、スモモなど、果実の中心部に1個の大きな種子を有し、硬い核で包まれているものが核果類で、花器の中の子房（雌ずいの基部）が発達・肥大して果実になる。

●基部優勢

樹体のなかで、基部の枝（根からの距離の近い）ほど、旺盛な生育を示す性質を基部優勢という。オウトウはモモやスモモに比較すると基部優勢性は弱いが、整枝せん定の際は、この性質を十分考慮する必要がある。

●頂芽優勢

2年枝の先端の芽から発生した新梢がもっとも旺盛に伸長し、基部に向かうにしたがって新梢伸長が弱くなる性質。オウトウ樹では枝の先端部から生育の旺盛な新梢が数本発生するのも、この性質である。

●自家不和合性

一対のS（自家不和合）遺伝子によって支配され、同じ品種同士（異品種であっても同じS遺伝子型）では受精しない性質。オウトウの結実には異なるS遺伝子型の品種を一緒に植える必要がある。なお、自らの花粉で受精するものを自家和合性と呼び、「紅きらり」などの品種がある。

●花束状短果枝

短い枝の基部に腋花芽が数～10個程度着生し、開花したときに花束のように見えることから花束状短果枝と呼ぶ（頂芽は葉芽）。

一つの腋花芽には3個程度の小花があり、一つの花束状短果枝で20～30個の小花が開花する。オウトウでは花束状短果枝あたり平均で2果程度着果すれば、十分な収量を確保できる。

●甘果オウトウと酸果オウトウ

一般に生食用として栽培されている品種は甘果オウトウ（セイヨウミザクラ）に属し、甘味が強く、酸味が少ない。一方、ジャムなどの加工用に栽培されている品種（「モンモレンシー」や「アーリーリッチモンド」）は酸果オウトウ（スミミザクラ）に属し、非常に酸味が強いのが特徴である。日本で栽培されているオウトウはほとんど甘果オウトウであるが、世界的な生産状況は、甘果オウトウが60％程度、酸果オウトウが40％程度となっている（FAO統計）。

●黄化期

着色が始まる直前で、果皮の地色の緑色が退色し、淡い黄色になる時期。これ以降、降雨により裂果しやすくなる。雨よけ施設では、黄化期の前に被覆する必要がある。

●双子果

オウトウでは、前年の7月頃から翌年の花器が分化し始め、その後、発育して、落葉期頃には花器が完成する。花器の発育段階で、がく片形成期～雄ずい形成期間（花芽分化の進度は年次変動があるが、山形県では7月中旬～9月上旬）に高温に遭遇すると、通常1個しか形成されない雌ずいが2個以上形成される多雌ずい花となる。多雌ずい花は、ほとんどの場合、雌ずいが2個であり、これらが結実すると双子果となる。

●ウルミ果

オウトウの果実は成熟するにしたがい、果肉組織の中に水浸状の部分が発生する。この部分が多くなると果実外観からも果肉内部が透けて見えるようになる。ちょうど水浸状にうるんでいるように見えることから、この状態の果実をウルミ果と呼んでいる。

●低温要求量

落葉樹には、気温が低下してくると生命活動を停滞させる休眠期に入り、温度が上昇してくると休眠が明けて発芽する性質がある。休眠が明けるためには7℃以下の低温に一定期間遭遇する必要があり、必要な低温遭遇時間は樹種、品種によって異なる。「佐藤錦」は低温要求量が多く、「高砂」や「紅秀峰」は少ないことが知られている。一般に開花の早い品種は低温要求量が少ない。（以上、米野）

第1章 開園・植え付け

作業性と果実品質を重視した樹づくり

基本編

1 園地選定と土づくり

オウトウは、湿害に弱いことから、開園にあたっては地下水位が低く、できるだけ水はけのよいところを選びたい。また、晩霜の被害も受けやすいので、霜の常襲地はできるだけ避けるようにする。

永年作物である果樹は、根を傷つける恐れなどから、植え付け後に土壌の物理性を改善することが難しい。

さらに、オウトウでは、裂果防止のため雨よけ施設を設置するため、植え付け後に重機を必要とするような大掛かりな土壌改良はまず無理である。

したがって、植え付け前に深耕を行なって十分な根域を確保する。深耕と併せて、堆厩肥などの有機物を積極的に投入し、表層だけでなく下層土まで保水力、保肥力に優れ、孔隙量の多い土壌をつくることが重要である（表1-1）。

なお、オウトウは根の呼吸が他の果樹と比べて活発なので、水が停滞しそうな園地は、排水対策もしっかりと講じる。

（以上、米野）

表1-1　土壌改良目標値

対象土層	項　目	褐色森林土など	黒ボク土	砂丘未熟土など
	根域の深さ（cm）	50	50	60
	地下水位（cm）	80	100	80
根域全体	ち密度（mm）	≦18	≦18	－
	粗孔（%）	12	12	－
	透水係数（cm/秒）	10^{-3}	10^{-3}	－
主根域	pH（H_2O）	5.5～6.0	5.5～6.0	5.5～6.0
	塩基飽和度（%）	60～70	50～60	70～80
	交換性カルシウム（mg/100g）	170～210	250～320	70～100
	交換性マグネシウム（mg/100g）	10～20	30～60	10～20
	交換性カリウム（mg/100g）	20～40	50～90	10～20
	有効態リン酸（mg/100g）	20以上	20以上	20以上
	腐植（%）	2	－	1
	カルシウム/マグネシウム比（当量比）	6以下	6以下	6以下
	マグネシウム/カリウム比（当量比）	2以上	2以上	2以上

2 苗木の植え付け

●確実な品種・系統を選ぶ

オウトウを栽培するうえで、優良な品種・系統を選定し、素性の明らかな苗木を求めることは第一に重要である。苗木の良否は、オウトウ栽培の成否を決定するといっても過言ではない。

一方で、いかに優良な苗木を入手できても、その取り扱いが悪かったり、また定植方法に注意を怠ったりすると、せっかくの苗木も生長が悪く、活力のない状態となる。そのため定植には万全を期すようにする。

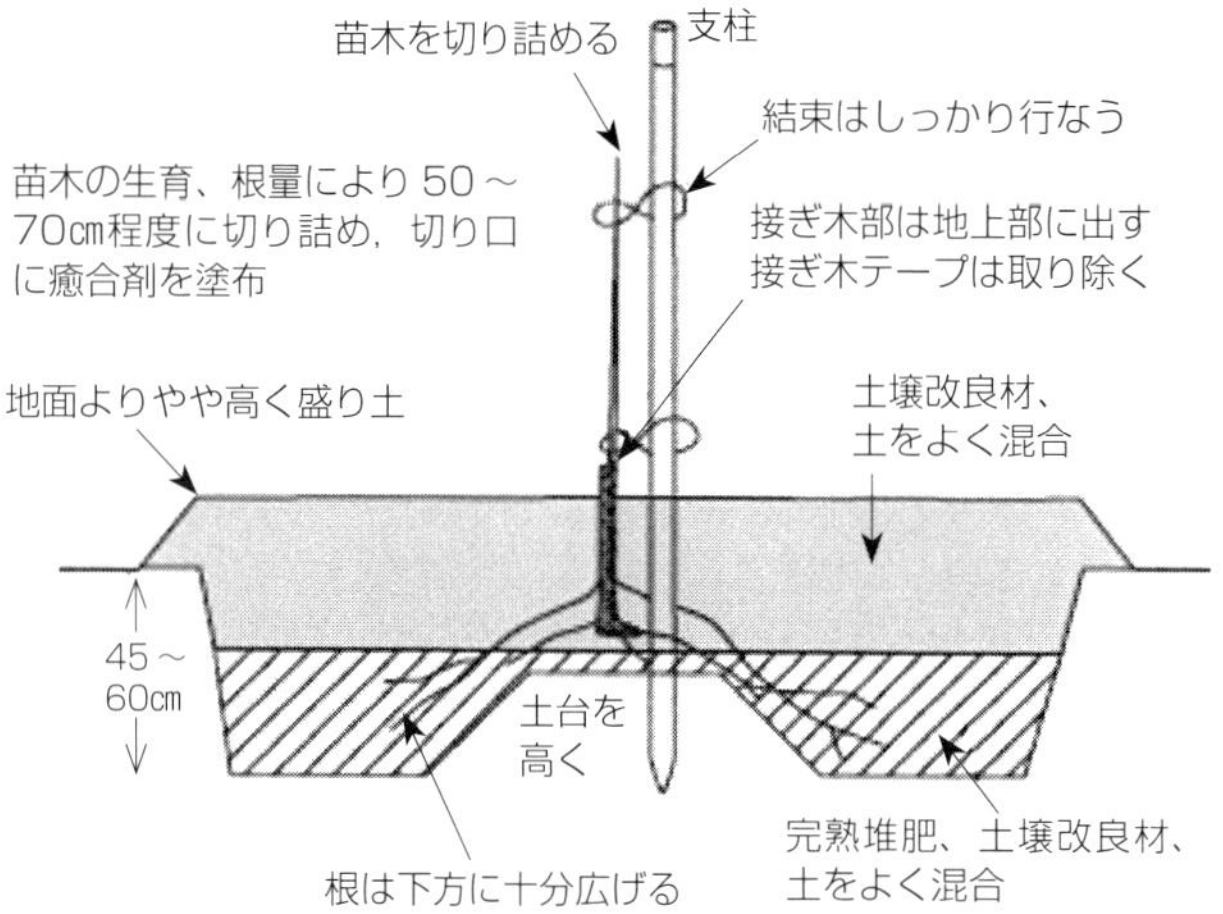

図1-1　苗木の植え方
（『果樹編 第4巻オウトウ』技74の15p、第1図一部改）

●植え付けの実際

①植え付け時期

苗木の植え付けには秋植えと春植えがある。秋植えは厳冬期に入る前の11月下旬～12月中旬に植え付ける。春植えは発芽前、山形県では3月～4月上旬、山梨県では3月に入ると新根の発生が始まるので2月下旬～3月上旬が適期となる。秋植えは、植え付けたあと土壌と根がよくなじみ、春先の発根がスムーズで初期生育がよい。しかし、砂質土壌などで乾燥しやすい場合や凍結層ができる地域は秋植えはやめ、春植えとする。

②植え穴の準備

植える場所が決まったら、植え付ける位置の土を深さ45～60cm、直径60～100cmほど掘り上げる。その土に堆肥10～20kg程度、熔リン0.2kg程度、苦土石灰1kg程度を加えてよく混和する。土壌の表土が浅く、下層が礫質で乾燥しやすい場合は、できるだけ大きい穴を掘ったほうが、その後の生育が良好となる。

逆に排水不良園や地下水位の高いところでは、大きな植え穴を掘ると湛水し、逆効果を招く。

なお、大きい植え穴を掘る場合、準備は植える直前ではなく、土がなじんで落ち着くように2～3ヵ月前にしておくと、植え付けてから樹が沈んで深植えにならない。植え付け後の生育も順調に進む。

③植え付け方法と植栽距離

植栽様式には、並木植えや、千鳥植えなどがある。園地の形状やスピードスプレーヤの運行の便などから一般には並木植えが選択されることが多い。また受粉樹の混植は2品種以上を組み合わせて、基幹品種に対して30%を下回らない構成とする。受粉樹の植え付けは、管理作業面から品種ごとの列植えを基本とする。

植栽には、最初から永久樹だけを定植する方法と、間伐予定樹を併せて定植し、その後間伐する2通りの方法がある。植栽距離は、品種、台木の種類、土壌条件（有効土層の深さ・肥沃度）などに応じて調整する。

④植え付けの留意点

購入した苗木は、定植まで間があるときは乾燥させないよう仮植えしておく。遠方の業者から購入した苗木は到着後ただちに梱包をとき、2〜3時間水に浸けて十分吸水させた後、仮植えする。植え付けまで短時間の場合、根部をコモなどで包んで乾燥しないように取り扱う。

植え付けにあたっては、植え穴に少し土を戻して、苗木を置く位置に山状のかたちをつくる。そこに苗木をのせて根が放射状に広がるようにする。このとき、あまり深植えにならないように、接ぎ木部が地上部に出るようにする。土をかけて埋め戻す。苗木の周囲に土を盛り、根と土がなじむようにたっぷり水をかける。根元を棒などで突き、空気を抜いて土と根をなじませる。さらに、根元はワラなどでマルチすると乾燥防止に役立つ。

植え付け後も定期的に灌水するとともに、風で苗木が動かないように必ず支柱を立て、少しゆるめに苗木を結わえて固定する（図1-1）。

⑤改植の場合の留意点

改植時には前作の古い根を可能な限り丁寧に取り除く。原則として、前の植え穴と同じ場所には植えない。

やむを得ず同一場所で改植する場合には、いや地の発生を抑えるため、植え穴の土壌を取り替えるか堆肥や有機物資材などを施用して土づくりを行ない、土壌の物理性を改善するとともに肥沃化をはかり、幼木期を順調に生育させて樹勢の強化に努める。

3 苗木の自家生産

●穂木の採取から接ぎ木までの手順

①穂木の採取時期

増殖する品種の穂木はあらかじめ貯蔵しておく。落葉後、枝が登熟してから2月下旬までの間に、日当たりのよい部位から、徒長して節間が間延びしていない枝を採取する。3月に入ると、生育の早い地域では樹液流動が始まり、芽が動き始め、活着率

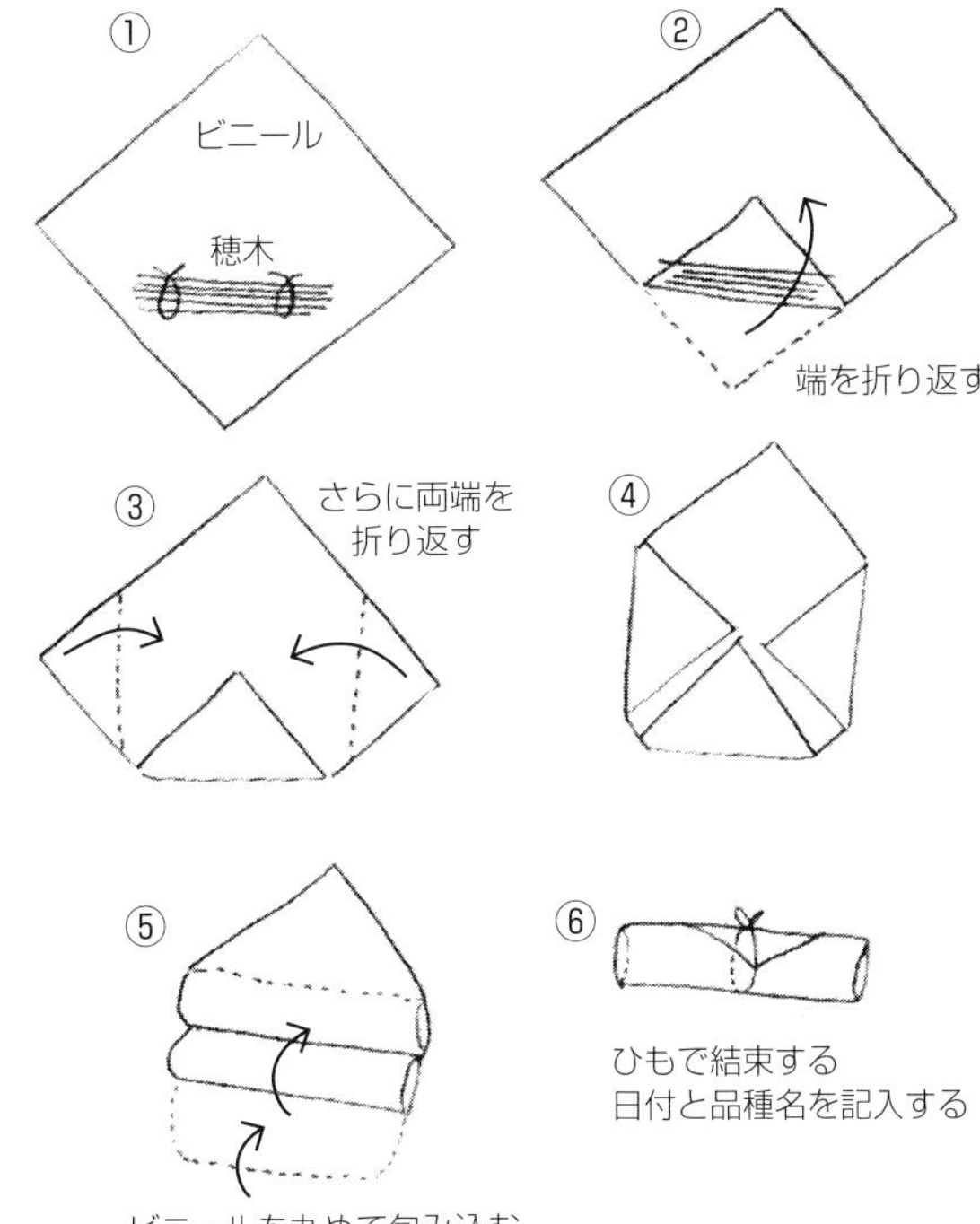

図1-2　穂木の保存方法
やや厚手のビニールでしっかり包み，乾燥させないようにする

が低下するので注意する。

②穂木の貯蔵方法

採取した穂木は乾燥しないように、25ページ図1-2のようにビニールで梱包する。

ビニールは、ハウスで使用する農POフィルム(ポリオレフィン系特殊フィルム)などやや厚手のものがあれば最適である。しっかり密閉することで穂木の乾燥を防げる。濡れた新聞紙などで包む必要はない。逆に、ビニール内の湿度が高いとカビが発生する原因となる。

しっかり密封した穂木は、0~5℃に設定した冷蔵庫で貯蔵する。

③接ぎ木

接ぎ木は、台木の根が活動し始め、水を揚げる3月上旬以降に行なう。方法は切り接ぎと芽接ぎに大別されるが、この時期は切り接ぎで行なう。手順としては、台木に切れ込みを入れる。穂木をクサビ状に削り、形成層を合わせて台木に挿し込む。穂木が台木より小さい場合、片側の形成層だけ台木に合わせる。伸縮性のある接ぎ木テープで接ぎ木部と穂木を巻いて覆い、固定する(写真1-1)。

一方の芽接ぎは、おもに9月上~下旬に行なう方法である。こちらのほうが簡単で初心者にも取り組みやすい。まず、穂木の芽の上と下からナイフを入れて穂木の芽を削ぎ取る。次に台木も同じ形に削ぎ取る。削ぎ取った部分に芽を挿し込む。芽を接ぎ木用テープで巻き込む。芽を包み込む場合は、蒸れないように一重巻きにする(写

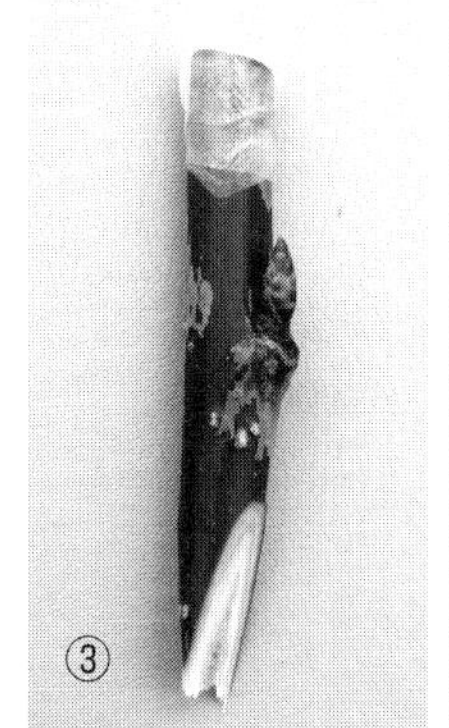

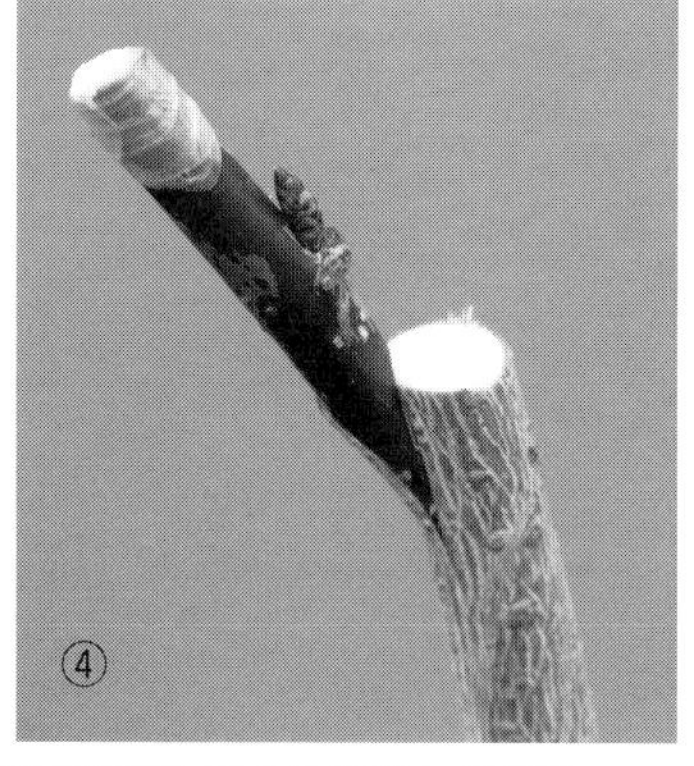

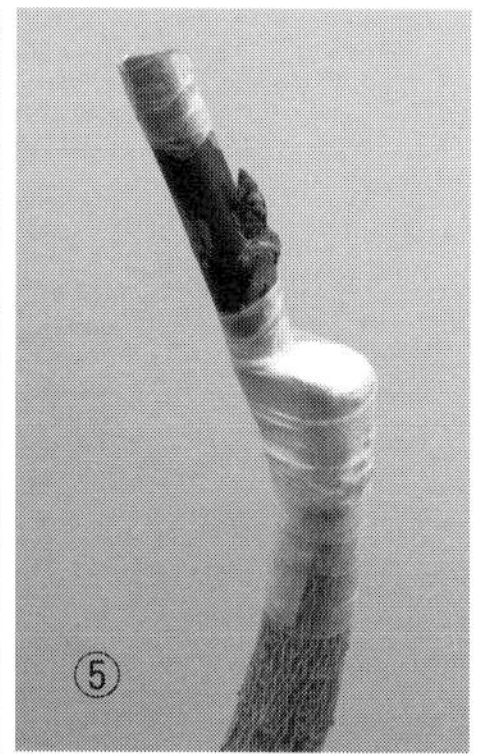

写真1-1　切り接ぎ（割り接ぎ）による接ぎ木の手順
①台木に切り込みを入れる
②穂木を挿し込む長さに合わせて台木を切る
③穂木をクサビ状に削り、上部の切断面を接ぎ木テープで巻いて乾燥を防止する
④台木の切れ込みに接ぎ穂を挿し込む
⑤接ぎ木部を接ぎ木テープで巻き固定する

真1-2）。ただし、オウトウの接ぎ木は、活着後の生育が比較的均一に揃う切り接ぎが基本となる。

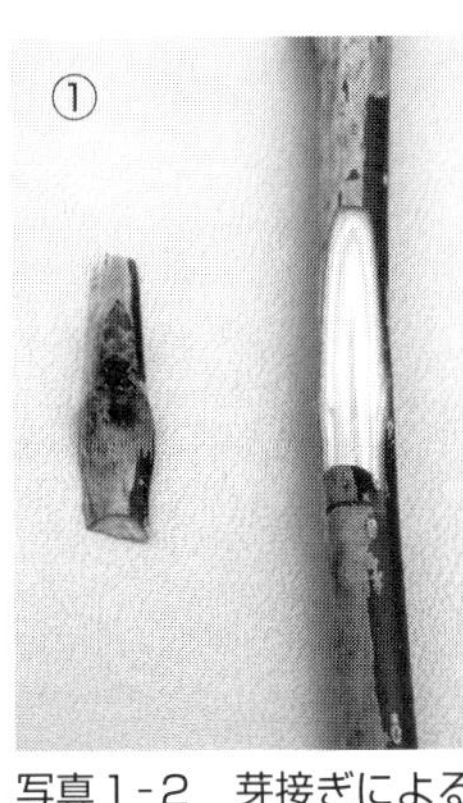
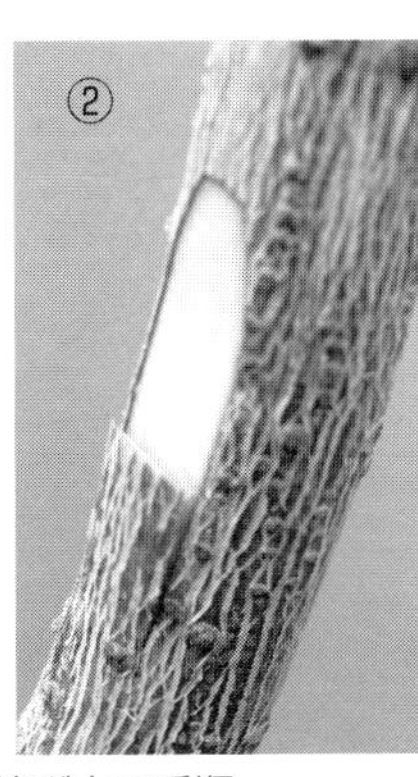

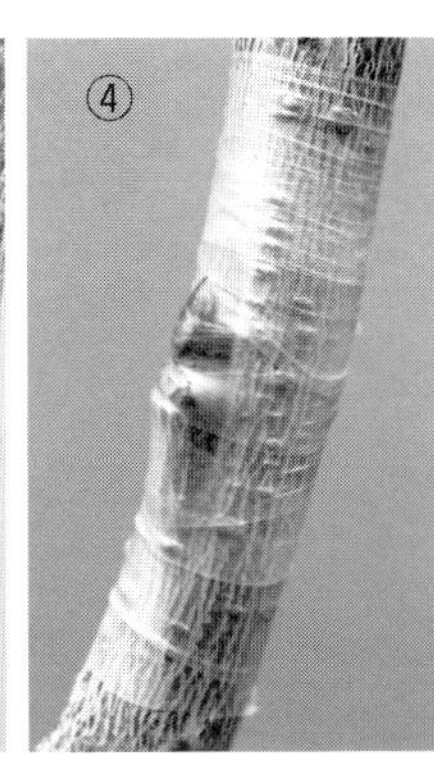

写真1-2　芽接ぎによる接ぎ木の手順
①穂木の芽を削ぎ取る
②台木も同じ形に削ぎ取る
③削ぎ取った部分に形成層を合わせて穂木の芽を挿し込む
④接ぎ木テープで芽を包み込んで巻く。芽がしおれないように一重巻きにする

④養成（定植苗の完成）

台木から発生する台芽は、随時かき取るとともに、穂木から新梢が数本伸びるような場合は生育が旺盛な1本を残し、他はせん除する。シンクイムシの被害に遭わないように防除を行なう。接ぎ木後1ヵ月ほどして活着したら接ぎ木テープを除去する。そのまま放置すると肥大によってテープが食い込んでくびれてしまう。

⑤注意点

芽接ぎは、活着後、芽が動く心配のない9月上～下旬に行ない、春の切り接ぎは樹液流動が開始した2月下旬～3月上旬に行なう。土壌が乾燥していると、活着率が低下するため、接ぎ木前に灌水する。接ぎ木時には芽が大きくなっているので、傷めないように注意する

●不織布ポットを使った大苗育苗

1年でも早く成園並みの収量（600kg以上／10a）を得ることを目標に、別の圃場で育成しておいた大苗（2～3年のあいだ苗木として養成して移植する）を更新予定の圃場にもち込み、定植する方法がある。移植という単純な技術で予想以上の成果が期待できる。最近では、定植後の植え傷みを軽減するとともに、根域制限効果で園地での生育・着果性を向上させる大苗育苗用のポット資材も発売されている（28ページ写真1-3）。

苗木の自家増殖はできる!?

現在（2020年6月）、果樹苗木の自家増殖を含めた種苗法の改正について検討されており、登録品種については将来的に自家増殖できなくなる可能性もある。「佐藤錦」「紅秀峰」「紅さやか」「ナポレオン」「高砂」などは一般品種であり、増殖は可。

なお現行の種苗法でも、登録品種は苗木を正規に購入していなければ自家増殖できないし、種苗会社などの指定でそもそも増殖が禁止されている品種もあるので、注意する。

大苗育苗ポット（Ｊマスター）もその一つで、ポット型の形状をして不織布でできている。容器外部に根がわずかに貫通するタイプ、完全に遮根するタイプ、これらを組み合わせたタイプなどいろいろあるが、オウトウでは、側面貫通型のＪマスターＫがおもに使われている。１年生苗には12～20ℓ、２年生苗は30ℓ、３年生苗には40ℓが使用するサイズの目安となる。この資材を利用することによって、改植に強い大苗づくりが可能となる。

使用にあたっては、ポットを土中に埋設して植え付け、ポットの上部を少し地上に出す。ポット内は乾燥しやすいので、水管理には注意する。また、ポットの用土には畑土（６）：山砂（１）：堆肥（３）、畑土（７）：堆肥（２）：ゼオライト（１）などを組み合わせ（カッコ内は割合）、通気性と排水性、保水性を考慮したものとする。

写真1-3　不織布ポット（グンゼ㈱製ＪマスターK）による大苗育苗
ポットの上部を少し地上に出して植え付けると（左）、側面から根が出る（右）。貫通した根は簡単に折ることができ、植え付けるとカルスが形成され、細根が発生する

4 初期生育の確保

●3～4年生までの生育不良樹は、その後の回復が困難

定植後、新梢の伸びが悪く、芽の充実も悪い生育不良樹は、樹皮が活力のある赤褐色ではなく、灰褐色をしている。このように育った幼木を、仮に条件のよい場所に移植しても生育の大幅な改善は見込めない。生育のスタートから、よい土壌条件を整えてやることが重要である。

求められる条件は、この章の冒頭でも触れたとおり水はけがよく、有効土層（根が容易に伸びることができる物理状態にある土層）の深い土壌である。新植にあたっては、できるだけこの条件にかなう状態に整えておきたい。そのためにはまず深耕して心土を砕き、さらに有機質資材を投入し、団粒構造を発達させて土壌の通気性や保水力を高める。具体的には、植え付けてから数年間の根の伸長範囲（半径１～1.5ｍ程度）で順調に根が生育できるよう、定植前に、定植位置を中心に直径２～３ｍ、深さ80㎝ほどの穴を掘って深耕し、図1-3のやり方で土壌改良するとよい。

●植え付け時、過剰施肥しない

定植時の施肥が過剰だと新梢が旺盛に伸びて徒長的な生育を誘発し、花芽形成を抑制する。苗木の定植には植え穴に有機質として堆肥を20kg（1袋）入れる。改植による土づくりや事前の植え穴の準備で堆肥を施用してあれば、堆肥以外の肥料は必要ない。定植後の生育を見て、新梢の生育が弱い場合は追肥や葉面散布で対応する。とくに山梨県を中心にした甲信地域では、栄養生長が生殖生長より勝る度合いが顕著なので、幼木～若木にかけては定植時の施肥は控える。

（以上、富田）

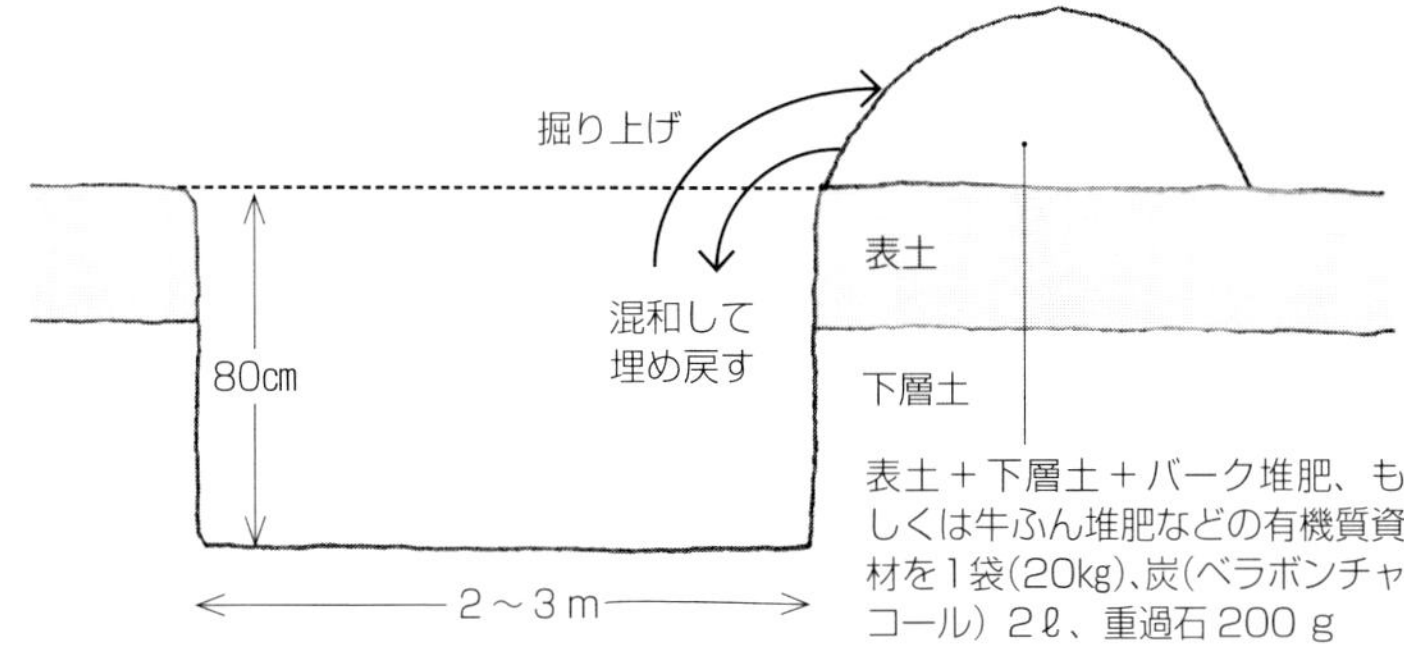

図1-3　苗木定植位置における事前の土壌改良
直径2～3ｍ、深さ80㎝ほどの大きめの穴を掘り、土壌改良の有機質資材、炭、リン酸肥料を入れてよく混和する。定植まで2～3ヵ月おいて、土壌が落ち着いてから定植する。
なお、土壌改良しておけば、苗木植え付け時に堆肥や肥料の施用は必要ない

●受粉樹の混植を忘れない

オウトウは、一部の品種を除き、自らの花粉で受精しない。したがって必ず受粉樹を混植する。受粉樹は、主力品種との交配和合性の有無（表1-2）、開花期（表1-3）、経済性などを確認して選定する。混植割合は

表1-2　S遺伝子型が同じ品種同士は交配できない（山形農総研セ園試、2014）

交配不和合群（S遺伝子型）	品　種
S^1S^2	サミット、紅香、黒真珠
S^1S^3	晶のよそおい、富士あかね
S^1S^4	レーニア、大将錦、さおり、初夏の香
$S^1S^{4'}$	紅きらり
S^1S^5	セネカ
S^1S^6	紅さやか、紅てまり、紅ゆたか、高砂、北光、芳玉
S^2S^3	プリティレッド、ブラックスター、紅の瞳
S^3S^4	ナポレオン、大桜夏
S^3S^6	佐藤錦、南陽、月山錦、山形美人、紅花笠、紅福、ダイアナブライト、紅夢鷹、みよし、夢あかり、最上錦、紅真珠、ジャイアントキング
S^3S^9	幸福錦、富治郎錦、朝の光、おばこ錦、えんぶり錦、レッドグローリー、ジューンブライト、ダークビュート
S^4S^6	紅秀峰、香夏錦、正光錦、おりひめの季節、花駒、マートングローリー、七夕錦、絢のひとみ
S^4S^9	寿錦
S^6S^9	シャボレー

注）「紅きらり」は花粉側認識機構に異常がある$S^{4'}$を有しているため自家結実性であるとともに、いずれの品種とも和合性である

表1-3　山形県における主要品種の開花期（山形農総研セ園試）

	紅秀峰	高砂	ナポレオン	紅さやか	佐藤錦	紅ゆたか*	紅てまり*	紅きらり*
開花始め	4/23	4/25	4/24	4/24	4/25	4/27	4/25	4/30
満　開	4/28	4/29	4/29	4/30	4/30	5/1	5/2	5/3

注）2006～2015の平年値（最早年、最遅年を除く8年間の平均値）
「紅ゆたか」「紅てまり」「紅きらり」は調査期間が10年未満の参考値

30％程度必要だが、晩霜に遭いやすいとか風当たりが強いなど立地条件の影響で結実しにくい場合は、受粉樹の割合を高めるなど調整を行なう。

受粉樹として見た場合「紅さやか」は1花あたりの花粉量が多く、開花期間が長い。このため山形県では「佐藤錦」や「紅秀峰」と合いやすい。また「ナポレオン」や「紅きらり」も1花あたりの花粉量が多い品種である。

（以上、米野）

旺盛な若木や成木は移植して活用も

●若木の花芽着生が増える

オウトウは若木のときに花芽がつきにくい性質がある。このため、大苗育苗用ポットを使って事前に準備するのとは別に、栽培圃場外で数年養成してから掘り上げ、圃場に定植することも多い。移植の際に行なわれる断根が花芽形成を促進するからである。とくにコルト台木の場合、旺盛な樹勢を抑え、花芽形成を促す効果が高い。また、コルト台はアオバザクラ台に比較して移植後の活着がよいので、樹勢抑制と花芽形成促進をかねて山梨県では広く行なわれている。

ただし、この移植に伴う断根で根頭がんしゅ病にかかる可能性もあるので、発生圃場では注意する。

●成木も移植して活用

一方で、密植状態の解消などで除かなければならない成木を有効利用する場合は、掘り上げの重機、運搬手段、労力（人手）が多くかかる。オウトウは7年生以上にもなると若木と異なり、樹高も4mを超え、地下部の根域も拡大している。

①時期は11月下旬～12月上旬に

樹が大きいと作業時間も長くなり、根が乾燥するリスクも高まるので、新根の活動時期と重なる春植えよりも秋植えがよい。葉が黄変し、落葉し始める頃が適期となる。オウトウの落葉は例年で11月下旬～12月上旬である。この頃はまだ地温も確保され、土壌水分も適度な状態で、凍結層の発現までには1ヵ月以上の間がある。

②移植の実際

移植前に根域より一回り大きめの植え穴を掘り準備する。深耕部に十分腐熟した堆肥などの有機質資材や土壌改良材を入れ、土壌とよく混和する。移植を成功させるには、移植予定地の周到な準備がカギを握る。

樹は掘り上げ後は速やかに移動し、植え付け作業に取りかかる。根を四方に広げ、接ぎ木部が地上に出るよう高さを調節し、骨格の枝を支柱で固定する。大きな樹は太根が交錯しているので、覆土するときは隙間を埋める要領で作業を進める。覆土が7～8割方済んだ時点で、植え穴全体に満遍なく水が行き渡るよう灌水する。灌水量は1樹あたり100～150ℓ必要である。十分に灌水したら、冬季の乾燥・凍結を防ぐ目的で樹幹周囲に敷きワラを行なう。

なお、切り口からの蒸散で樹体が乾くので、本格的なせん定は春先まで控える。また、そのせん定は発芽と新梢伸長を促す切り返しを中心に行なう。

移植すると結実が良好になる。過剰な結実で樹が衰弱することがないように摘蕾・摘花などで着果を制限する。樹勢によっては全摘芽・花（果）して1年間樹を養生する。

5 樹形と仕立て方

●オウトウは光要求度が高い

オウトウの樹の特徴として、まず喬木性があげられる。樹高が高くなり、日当たりのよい樹冠上部が大きくなりやすい。樹を高くつくりすぎると樹冠下部が暗くなり、結果部位が高くなって作業性は低下する。

また「高砂」など品種によっては直立性で、若木時代は枝の発生角度がせまい。直立のままでは花芽がつきにくい。枝に十分な光が当たらないと枝が枯れ込んだり、芽枯れが生じやすい。樹冠内部まで均一に光が入るよう管理する。

表1-4　樹形改善後に残った花束状短果枝の残存率（山形園試、1984）

	改善１年目	改善２年目	改善３年目	改善４年目
改善区	46.9	57.2	51.0	64.7
対照区	45.0	51.5	43.9	53.0

注）樹形改善区は、主幹部を切り下げ、変則主幹形から遅延開心形に改造
対照区は、変則主幹形の慣行せん定
花束状短果枝の残存率は、樹高３m以下で調査
単位は%

「ナポレオン」の加工用の生産が主流であった時代は、成木での整枝はあまり行なわれなかった。そのため内部に光が入らず、樹冠内部と下部では花束状短果枝の着生が悪く、樹が大きい割に収量が少なかった。その後、生食向け果実の生産が主流になるなか、山形園試で樹冠内部にまで光を入れる樹形改造がなされ、改善から3年目で、３m以下に着生する花束状短果枝が樹全体の１/２以上に、また小枝の発生も含め結果部位が着実に増えることが実証された。

表1-4は、樹形改善後の花束状短果枝の変化を調査したものである。改善区は対照区に比べて花束状短果枝の着生数が増えていく。樹高が低く、花束状短果枝数が多いことで、樹形改善区は生産性が向上し、収量は安定する。

●心を開ける樹形が一般的

以上のような樹の特性から、オウトウでは主幹形から変則主幹形、そして芯や内向枝を抜いてフトコロを開かせた遅延開心形に至る樹形づくりが主流である。

また山梨県では最近、モモなどと同様に開心自然形の取り組みも見られるようになってきた。いずれにしても、オウトウの樹形としては、内部にまで光を入れることを心掛け、立ち枝を除去し、車枝を長く放置しないことが基本となる。

試験的にも、オウトウは樹冠内の相対日射量が20%程度まで抑制されると、花芽形成が劣るとともに花束状短果枝を維持しきれない。樹冠内部まで適度に日射が入るように仕立て、それを管理する。

（以上、富田）

6 遅延開心形の特徴、仕立て方

立ち木で栽培する果樹では、一般的に①主幹形、②変則主幹形、③遅延開心形、と樹齢によって樹形を変化させる樹づくりが行なわれている。

まず、幼木期からある程度収量を確保するために主幹形で仕立て、植栽本数を多くして、１樹あたりの収量は少なくても、単

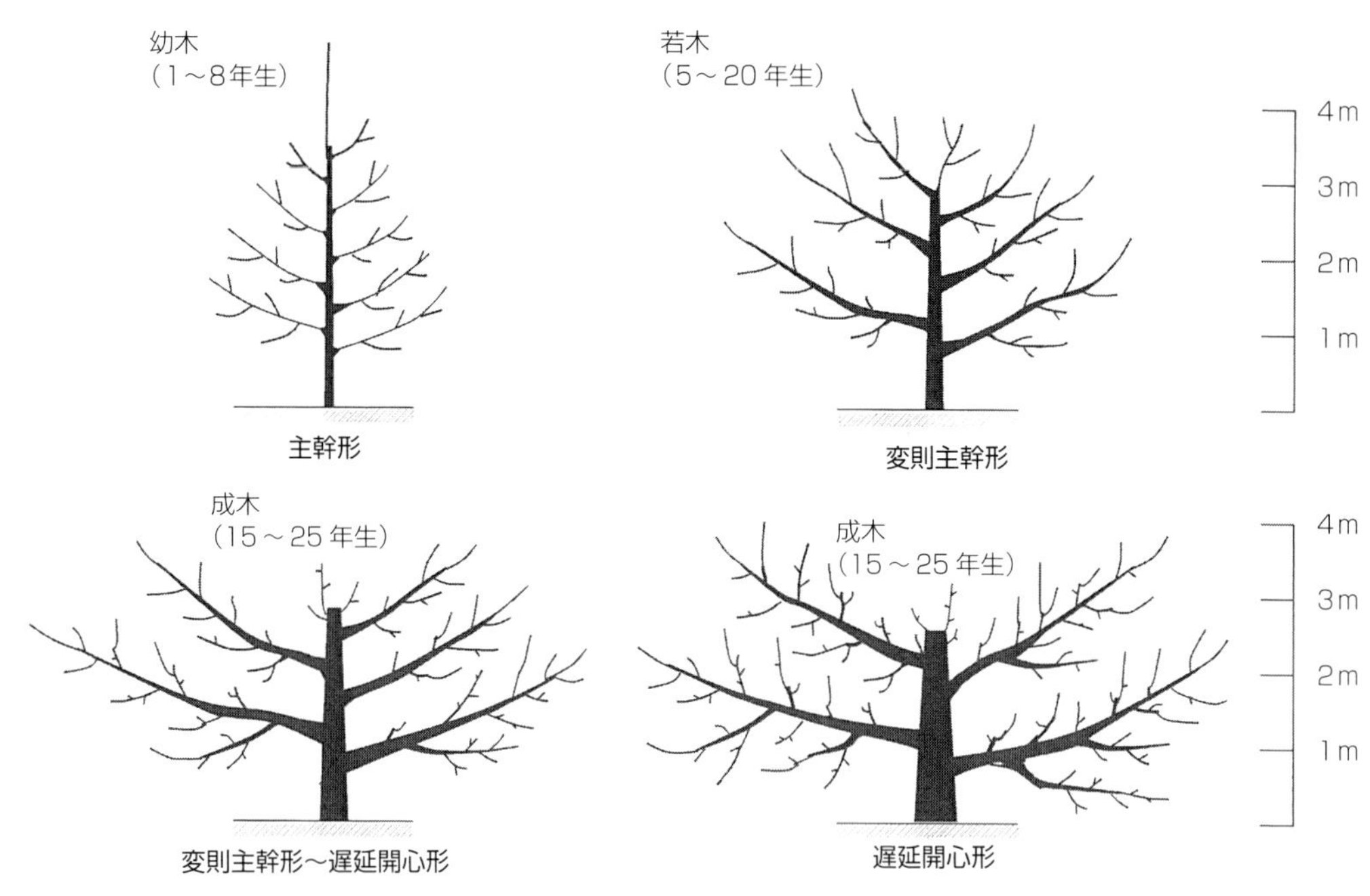

図1-4　遅延開心形の樹齢に応じた目標樹形（「山形おうとう振興指標」より）

位面積あたりの収量を確保する。

ついで、樹高がある程度に到達した時点で主幹を切り詰め、枝の方向や発出角度を見定めながら、6〜8本程度の主枝候補枝を選定する。それ以降、重なり合って日陰をつくってしまうような邪魔な側枝を間引きながら、主枝候補枝を大きく拡大し、変則主幹形に誘導する。

変則主幹形となってからは、6〜8本の主枝候補枝から枝の方向、枝勢、側枝の着生状況などで4〜5本を主枝として選定する。主枝の拡大を邪魔する候補枝を整理するとともに、樹勢を考慮しながら、大小の側枝を配置し、遅延開心形を完成させる（図1-4）。

このような手順で樹を形づくっていくことで、品質の高い果実を毎年安定して生産する樹ができあがる（写真1-4）。

（以上、米野）

写真1-4　遅延開心形の完成した樹姿。山形県の基本樹形

7 開心自然形の特徴、仕立て方

モモやスモモなどと同様に目標とする樹形は、2本主枝を基本とし、亜主枝を含めた太枝は積極的に誘引を実施し、樹冠内への光線透過を重視し、樹高は4.0〜4.5m程度

写真1-5　4本主枝で仕立てた開心自然形の樹姿

に抑える（14ページ写真序-2）。現地では3～4本主枝の樹形も見られる（写真1-5）。

●仕立てる手順

①定植1年目

植え付けた苗木は、地上40cm程度で切り返す。太い苗木で副梢が発生しているような場合は、もう少し長めで切り返しを行なう。春に発生した新梢は、最上部の一番強く伸びた枝以外は5月上～中旬に捻枝し、枝の発生角度を広げる。第1主枝は、主幹延長枝より弱く、発生角度の広い枝を候補とし、地上40cm前後の高さから取り出す。添え木をして樹のフトコロを広くする（図1-5）。

②2年目

主幹延長枝（第2主枝）は、第1主枝の発生位置から60cm程度の高さで切り返し、第1主枝以外の枝は主幹と競合するので、ごく弱い枝だけを残し、他は全部せん除する。第1主枝は40cm程度で切り返し、さらに枝の引き下げを行なう。2年目に発生する新梢も1年目と同様、主幹の延長枝および主枝以外は、捻枝により勢力を抑える。

③3年目

2本主枝の樹形では、この年に主枝の骨格ができ上がる。亜主枝は地上80～100cmの部位から取り、候補枝は40～50cmで切り返す。3本主枝の場合は、あまり大きな亜主枝をつくらず、側枝的な枝の勢力とする。

④4年目

主枝の切り返しは60cm程度とし、亜主枝の形成をはかる。オウトウは通常、前年の延長枝をはさんで左右に新梢が3～4本発生するので、交互に枝が配置されるよう間引き、誘引を励行する。

⑤5年目以降

せん定の基本は、前年と変わらないが、先述したように、3本主枝では側枝を中心とした樹形で、樹冠内に太枝をつくらない。

2本主枝では、各主枝に2本の亜主枝を取り、間隔は80～100cmで、左右に角度の広い枝を分岐させる。亜主枝からの側枝間隔は50～60cmで交互に中枝を発生させ、切り返しを行なわず、短果枝の着生を促す。

●樹冠内部の明るさを保つ

前にも述べた通り、品質のよい果実を生産するには、どの枝にも十分に光を当てる必要がある。そのためには、①亜主枝、側枝の基部に大きい枝、強い枝を置かない。②内向する枝、逆行する枝は長大化させない。③側枝は横方向の膨らみを抑え、小さく維持する。仕立てていく際にも、この3点に注意する。

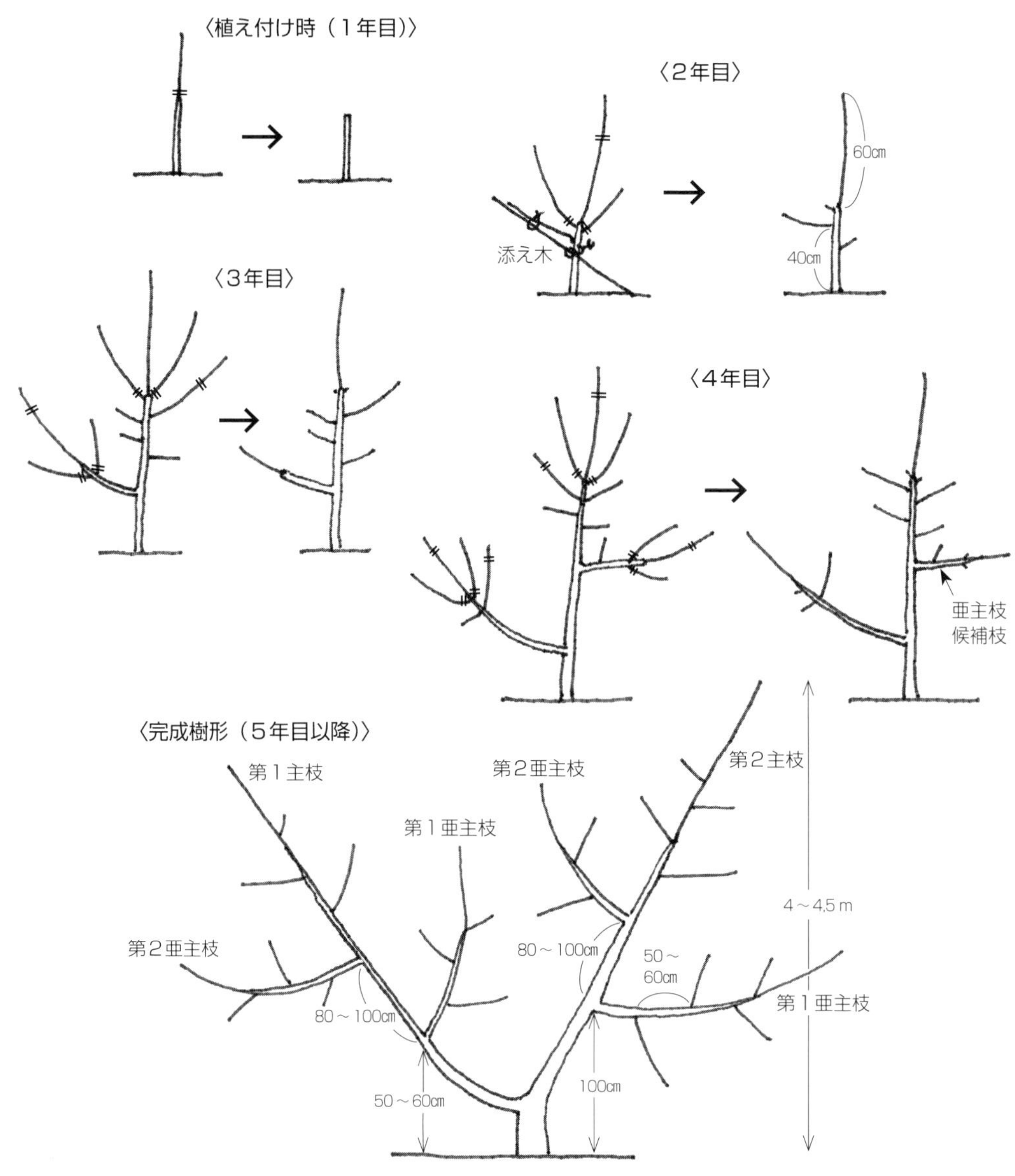

図1-5　開心自然形整枝の仕立て手順

とくに、主枝や亜主枝と比較しバランス的に大きすぎる側枝や込み合っている側枝は、全体の樹勢を考慮しながら間引き、小さい側枝に更新する。

8 主幹形の特徴、仕立て方

●まず樹づくりが楽な幼木をつくる

①芽傷処理

オウトウには強い頂部優勢があり、切り返しせん定を行なった枝の先端から3～4芽が強く伸びるが、それ以外の部位からの新梢の発生は少ない。そのため、思うような骨格づくりが困難となる。しかし芽傷処理を行なうことで、新梢が発生しやすくなる（写真1-6）。また、発生した枝は比較的落ち着いた枝となり、発生角度も横に広がるので無理なく誘引できる。先端の枝との勢力差が明確につくことから主枝延長枝が負け枝にならず、スムーズに伸長する。

ただ、山形県（「佐藤錦」）では芽傷処理をしなくても新梢が発生しなくてこまるということはない。

②芽傷の働き

芽傷処理で新梢が発生するのは、腋芽の伸長を抑制しているオーキシンの動きを抑えるからである。

オーキシンは、新梢先端の生長点で合成されて発芽を抑制している。オーキシンはその生長点から重力によって枝の下方向に流れる。この流れを、芽の上に傷を付けて遮断することでオーキシンが作用しなくなり、新梢が発生しやすくなる。リンゴ苗木にフェザーの発生を促すBA液剤は、オーキシンの作用を打ち消す働きをもつサイトカイニン剤で、やはりオーキシンの働きを抑え、頂部優勢の打破を利用したものである。

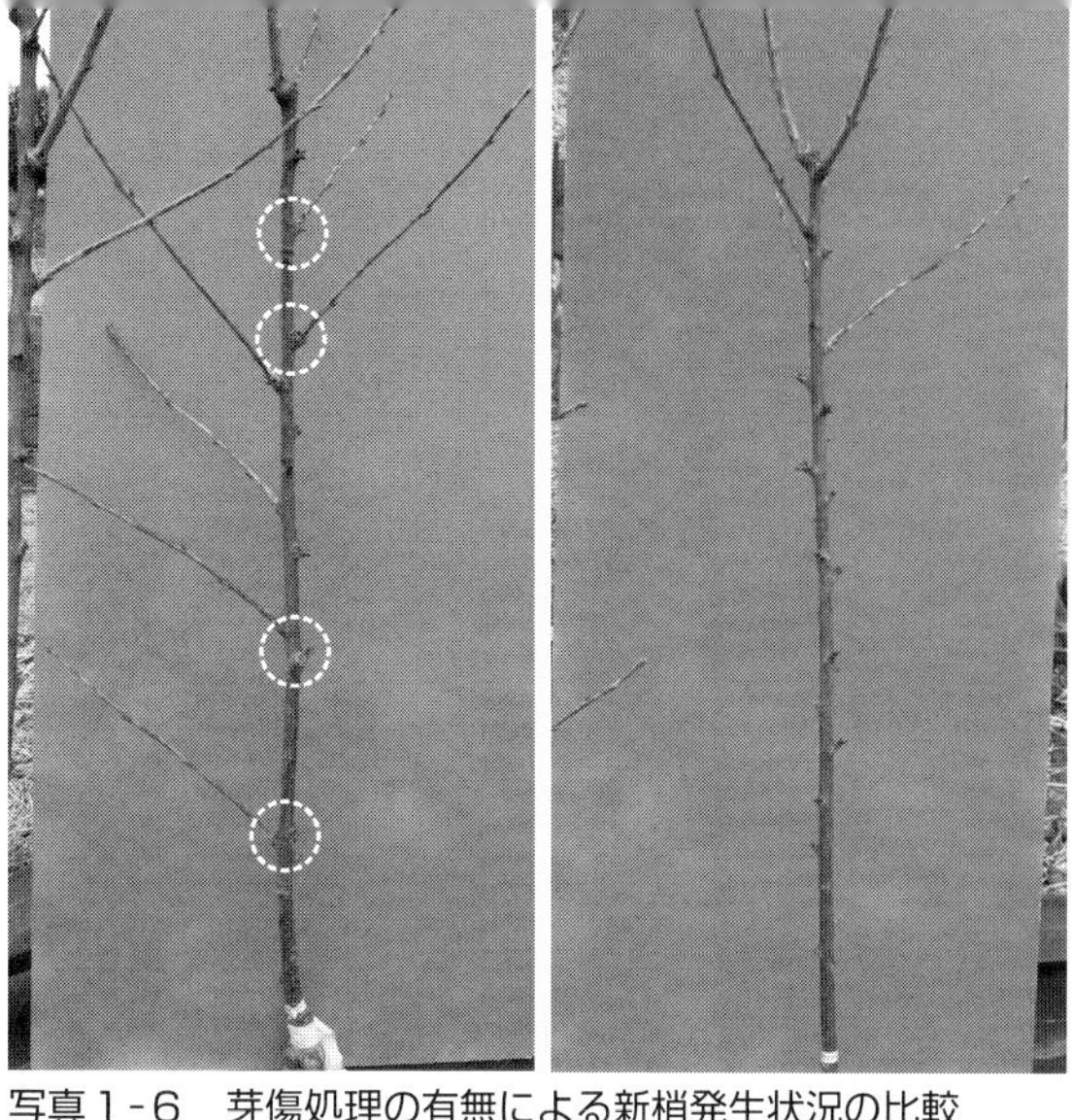

写真1-6　芽傷処理の有無による新梢発生状況の比較
（左）芽傷処理（3芽に1芽の割合で、芽の上に処理）
（右）無処理

③処理の実際

芽傷は、樹液流動が始まる直前の2月下旬～3月上旬が処理適期である。この時期に処理することで新梢の発生が先端に片寄らずに、枝全体から発生して均一化する。処理時期が遅くなるほど新梢発生の効果が低下する。

処理は、芽の上5㎜ほどの位置に薄刃のノコギリで表皮を切るように形成層に達する程度の傷を入れる（写真1-7）。もっとも効果があるのは1年枝で、2年枝、3年枝と枝が古くなるほど処理効果は低くなる。

●側枝を方向づけて振り分け、作業性向上

オウトウの主幹形整枝は、リンゴの低樹高栽培の取り組みを参考にコルト台木を利用した半密植栽培が始まりである。

雨よけハウスの棟間の中心部に植え付けて4mあまりの樹高を確保するとともに、主幹から出た側枝をX字形に24本配置（写

写真1-7　芽傷処理（左）と新梢の発生状況（右）

真1-8、図1-6）して、脚立による作業能率の向上をはかる。芽傷の処理と、樹勢をやや強めに管理して、新梢の発生を促す。栽植距離は列間6m、株間5mで10aあたり33本植えとする。なお、側枝が太らないように3～4年で更新する。

写真1-8　主幹形整枝の成木
脚立での作業性向上のために側枝は4方向に振り分けられている

●仕立てる手順（整枝せん定）

①植え付け時

先端の延長枝は充実した芽で切り返す。新梢の伸びが1mほどになるように、やや強めに切り返す。地際60cmより上の部分に芽傷処理をして新梢の発生を促す。

芽傷処理の効果が高い時期は樹液流動が始まる2月下旬～3月上旬である（図1-7）。

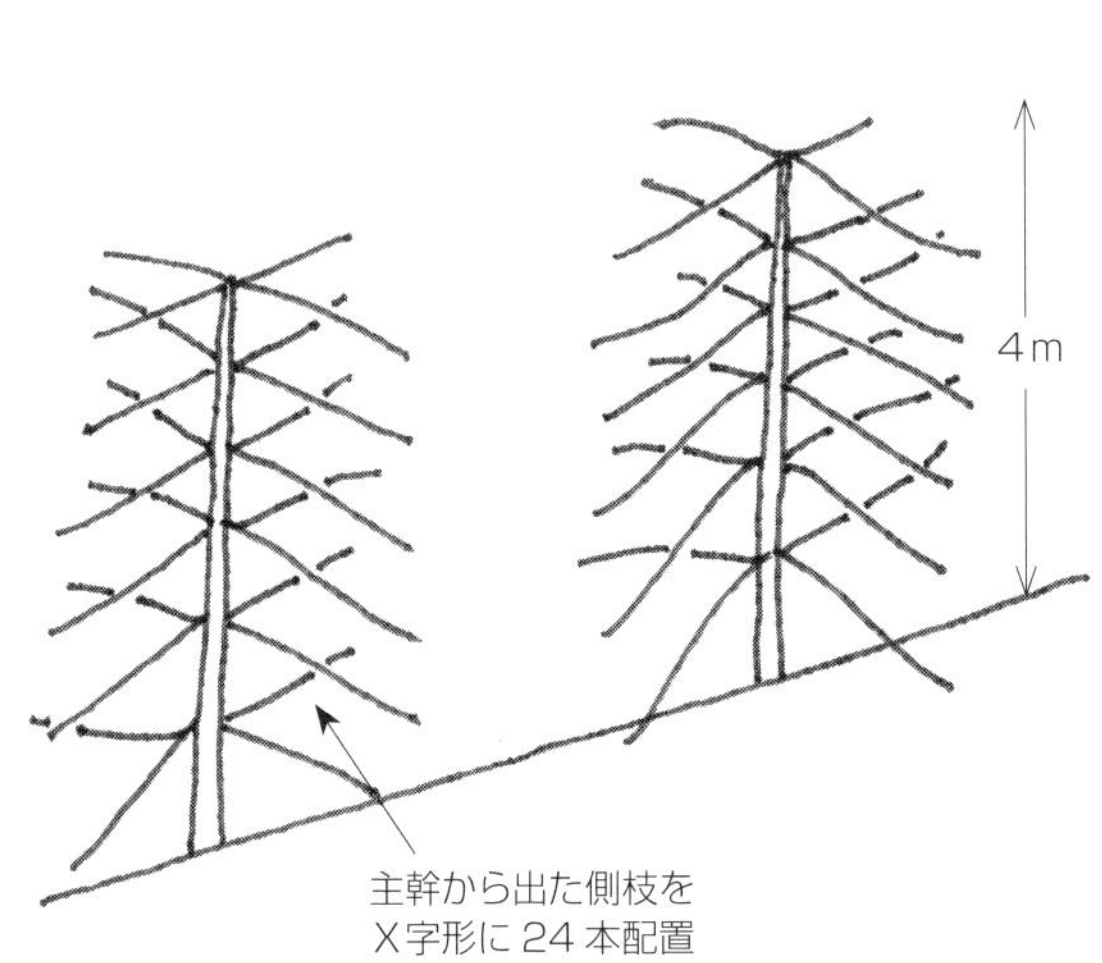

図1-6　主幹形整枝の樹形と栽植距離

②1年目

1年目のせん定で主幹部を確立する。主幹延長枝以外の新梢は、基部の2～3芽を残してすべて短く切る（短さい）。

③2年目

1年目のせん定と同様に、主幹延長枝は1mほどに切り返す。また、延長枝には芽傷処理を行ない、新梢の発生を促す。主幹部から発生した細く短い新梢はそのまま残し、それ以外の新梢は1年目と同様に基部の2～3芽を残してすべて短く切る。

④3年目

1年目のせん定と同様に、主幹延長枝は1mほどに切り返す。また、延長枝には芽傷処理を行ない、新梢の発生を促す。側枝は、新梢の伸長量により切り返しの程度を決める。60cm間隔に側枝の候補枝を決め、側枝の配置がX形になるよう誘引する。

⑤4年目

すべての枝に対して誘引を行なう。強めに伸びる側枝は湾曲しないよう完全に伏せるなど、主幹と側枝の強さのバランスを取

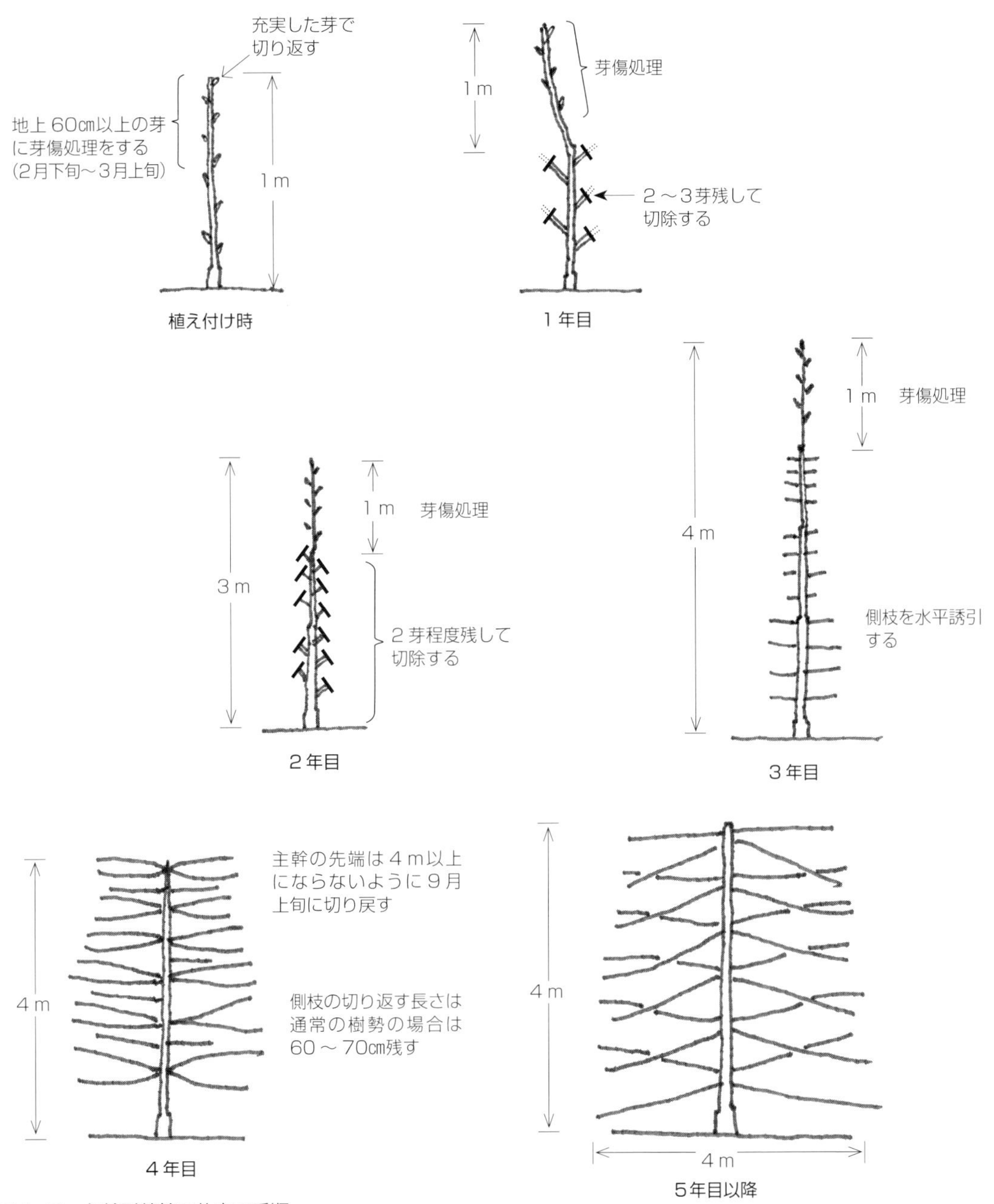

図1-7　主幹形整枝の仕立て手順

りながら、ほぼ樹形を整える。側枝の数は、やや多めに30本程度残す。側枝上から発生する新梢は、延長枝以外を摘心する。主幹の先端4m以内に収まるように9月上旬に切り戻す。側枝を切り戻す長さは、1mほど伸びた通常の樹勢の場合、60~70㎝残して切り詰める。

⑥5年目以降

5年目までは、樹勢を抑えるために側枝を多めに残す。それ以降は、管理作業がしやすいように順次込み合っている側枝を間引いて、脚立が入る空間をつくる。最終的には側枝本数を24本程度に整理する。また、下部の側枝を大きく、上部の側枝は小さく維持して受光態勢のよい樹形にする。

側枝が太らないように誘引を徹底するとともに結果部位をコンパクトに収める。また、側枝が太り、長大化しないように3～4年で更新する。

9 垣根仕立ての特徴、仕立て方

●おもな特徴とメリット

①早期成園化、早期増収が可能

変則主幹形や遅延開心形など従来の立ち木仕立ての栽培では、10aあたり10～20本の疎植となるため、成園化までに8～15年を要する。

これに対し、垣根仕立ては10aに約80本を密植する。加えて、摘心や誘引によって花芽形成を促進するので3年目から結実が始まる。栽植後の未収益期間が短縮され、5年目には成園化に近い状態となる（写真1-9）。

②果実品質が優れ、秀品率が高い

「佐藤錦」の玉張りは通常7g前後であるが、垣根仕立てで収穫される果実の玉張りは約8gで、糖度も約20度と高品質である。また、品質が揃い秀品率も高い（＊）。

この果実の高品質化は、収穫直前に行なう摘心が大きく影響している。

山梨県などオウトウ経済栽培の南限地域では、収穫後まで新梢が旺盛に伸びる。これを収穫2週間前に摘心することで、一時的に新梢の伸びが抑えられ、果実への養分転流が盛んになって玉張りがよくなる。また、新梢整理で側枝に沿って結実した果実の一つひとつに十分な光が当たり、着色もよくなる。

写真1-9　垣根仕立て樹の成木
骨格は5年目には完成し、ほぼ成園化に近い状態になる

（＊）山形県で「佐藤錦」を供試して試験したところコルト台では果実重、糖度が高い結果が出たが、アオバザクラ台では有意差がなく、樹勢が強い場合に差が出やすいと考えられる。栽植距離にもよるが、10aあたり収量が低いという指摘もある。

③大規模経営から観光園まで

樹形が平面的なので作業を単純化・省力化でき、広い面積を管理できる。また、高所作業機やスピードスプレーヤなどの機械も効率的に使える。さらに樹高が低く、全体の70％の作業が脚立を使わずにできるので、出荷を主体にした経営だけでなく、観光園にも適する。

④若木時代は手が掛かるが…

山梨県では、オウトウは新梢の伸びが旺盛なこともあって、従来植え付けてからしばらくはほとんど手を掛けない放任に近い状態で管理することが多い。

垣根仕立てでは、若木のうちは摘心や夏季せん定、誘引など樹形形成の管理を積極的に行ない独特の樹形をつくる。また、早

期成園化につなげるため植え付けてから3年目ぐらいは、新梢管理の時間が必要となる。しかしそれ以降は、新梢の伸びも落ち着くので作業時間は減少し、逆に省力化のメリットがきわだってくる。

表1-5　仕立て方の違いが管理作業時間に及ぼす影響（山梨果樹試，2012）

仕立て方	管理作業	10aあたりの作業時間	収量100kgあたりの作業時間	収量 kg/10a
垣根仕立て	人工受粉（3回）	14時間40分	2時間36分	561
	新梢管理	13時間08分	2時間20分	
	収　穫	67時間37分	12時間03分	
	整枝せん定	10時間19分	1時間50分	
立ち木仕立て	人工受粉（3回）	27時間37分	4時間55分	650
	新梢管理	10時間05分	1時間47分	
	収　穫	62時間00分	11時間03分	
	整枝せん定	22時間07分	3時間56分	

注）垣根仕立ては12年生「佐藤錦」、立ち木仕立ては14年生「佐藤錦」を各3樹供試した
10aあたりの植栽本数は垣根仕立てが80本、立ち木仕立ては20本として計算した

⑤管理作業が省力化

樹形が単純で平面的な構成となる垣根仕立てでは、人工受粉、防除などの管理作業が効率的に行なえ、省力化できる（表1-5）。

まず移動が平面的になるので、受粉回数を増やすことができ、結実の安定につながる。スピードスプレーヤで行なう防除はかけムラがなく、補助散布はしなくてもよいほどである。動力噴霧機を使った手散布でも、主幹形などの従来の立ち木仕立ての約1/3程度の時間で散布できる。

収穫は、果実が側枝に沿って結実し、陰になる部分がほとんどないので、果実一つひとつの着色や熟度を確認しやすい。

地上に立った状態で2.5mまでの作業ができ、管理作業に及ぼす省力効果は大きい。

●仕立てる手順

①1年目

苗木を植え付け、1段目の支線より10cm下で切る。先端付近から新梢が3～4本発生する。最先端の新梢は上方向にそのまま伸ばし、続く2本の新梢は支線に誘引して左右に伸ばし側枝にする。冬季せん定で新梢を切り詰める。上方向に伸びる延長枝のせん定は伸び方によって変わる。3段目を超えていれば3段目の下3～10cmで、3段目に達していなければ2段目の下10cmで切る。横方向に誘引した新梢は軽く切り詰める。

②2年目

2年目以降も1年目に準じて管理し、2段目の側枝をつくる。1段目の側枝は先端を水平誘引し拡大をはかる。1年目の部分から発生する新梢はすべて5～6芽で摘心する。摘心して残った新梢基部が翌年の結果枝となる。

③3～5年目

新たに3段目、4段目の側枝をつくる。1段目、2段目の側枝は2mまで延長する。側枝から発生した新梢は摘心して結果枝をつくる。4年目に、5段目の側枝を新たにつくり、3段目、4段目の側枝を延長する。5年目に目標とする樹形がほぼ完成する。

結果枝は積み重ねが多くなると、横方向に厚みができてしまうので、古くなった結果枝は5年を目安に切り返して更新する。

（以上、富田）

10 その他の低樹高の樹形、仕立て方

従来、オウトウの樹高は4m以上にもなり、8尺（2.4m）以上の脚立を使って摘果や着色管理、収穫などの作業を行なっていた。これは非常に重労働であるとともに、危険を伴う。そうしたなか近年、できるだけ脚立の昇降をしないで済む低樹高の仕立て方が開発されている。

●Y字仕立て

雨よけ施設の筋交いに鋼線など誘引のための線を張り、それに沿って2本の主枝を伸ばしていく。この主枝は地上60～70㎝ぐらいの高さで分岐させ、斜めに伸ばしていく。正面から見ると、「Y」の字のような樹形となる（図1-8・写真1-10上）。なお主枝の角度は、雨よけ施設の仕様によって異なるが、仰角はおおむね50～60度である。

斜め上方向に伸ばした主枝から発生した側枝（結果枝）を誘引線に誘引し、そのまま水平に伸ばしていく。側枝は水平に誘引されることで花束状短果枝が着生しやすくなり、従来の仕立て方に比べ早期に収量を上げることができる。

3.5×6.0m（48本／10a）の植栽距離で、側枝の段数を5段（側枝間隔は40㎝）にすると、植え付け7年目には成園化し、「佐藤錦」で10aあたり600kg程度の収量を確保できると考えられる。脚立はほとんど使わず、摘果、葉摘み、収穫などの作業時間を大幅に短縮できる。しかし、側枝を水平に誘引するため新梢発生が旺盛となり、新梢管理に時間がかかるのが欠点である。

●V字仕立て

地上1.0m前後の位置に主枝を水平に誘引し、それから側枝（結果枝）を左右斜め上に「V」字状に配枝する仕立て方である（図1-8・写真1-10中）。

主枝は、最初斜め上方向に伸ばし、必要な長さが確保できた時点で水平に誘引し、その後、側枝を配枝するため、Y字仕立てより成園になるまで時間がかかるが、従来の主幹形→変則主幹形とする仕立て方よりは早く成園化できる。

成園までの年数は主枝長によって異なるが、主枝長を2.0m（100本／10a）、側枝長を2.0m、側枝間隔を40㎝とした場合、植え付け8年目には成園化し、Y字仕立て同様、「佐藤錦」で10aあたり600kg程度の収量を確保できると考えられる。

樹高が3.0m程度となることから、管理作業や収穫には低い脚立が必要となるが、結果枝が立ち枝であることから受光態勢がよく、果実が着色しやすい利点がある。

●平棚仕立て

平棚に主枝を棚付けし、その後側枝（結果枝）を棚に誘引していく（図1-8・写真1-10下）。初期の結果部位の拡大は遅いが、主枝長3.0mの2本主枝、側枝長を2.0

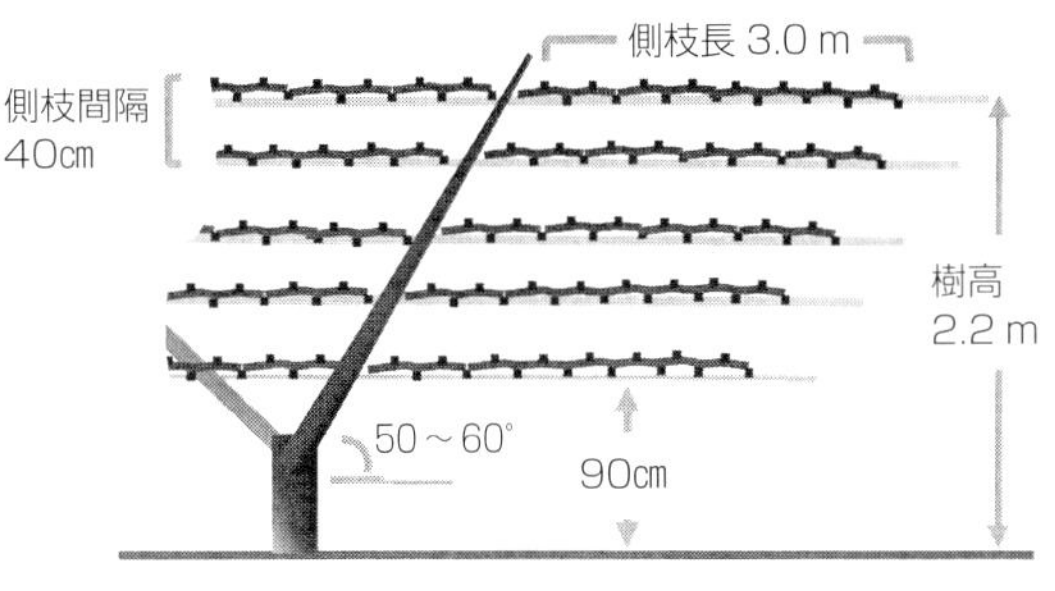

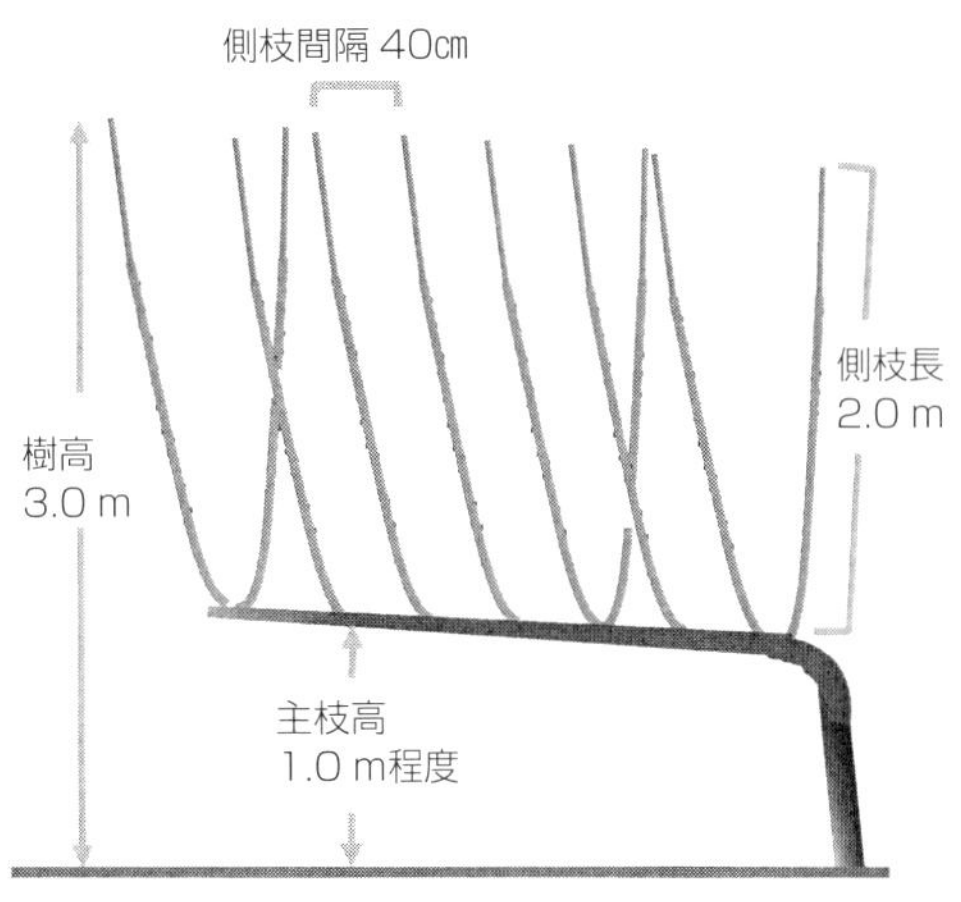

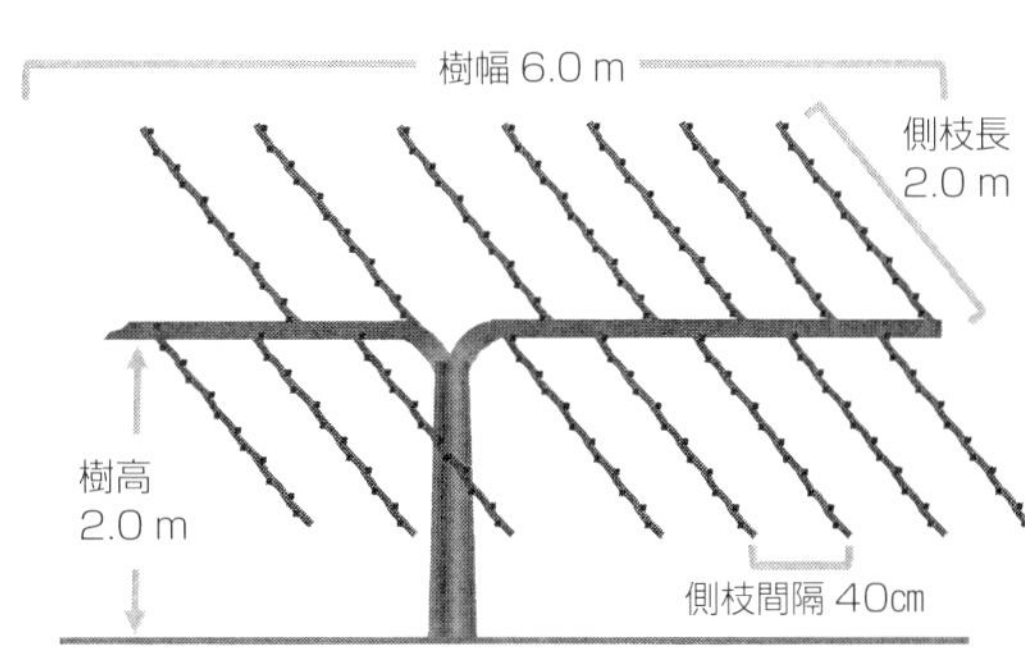

写真1-10／図1－8　おもな低樹高樹形
上から、Y字仕立て、V字仕立て、平棚仕立て

m程度（42本／10ａ）とした場合、植え付け8年目頃には成園化すると見込まれる。

この仕立て方は、脚立をまったく使用せず、摘果、葉摘み、収穫などの作業時間を大幅に短縮できる。しかしY字仕立てと同様、側枝を水平に誘引するため新梢の発生が旺盛となり、新梢管理に時間がかかるのが欠点である。

側枝間隔40㎝とした場合、「佐藤錦」で10ａあたり500〜600㎏程度の収量を確保できると考えられる。

（以上、米野）

省力化を狙った海外の仕立て方——2017年国際オウトウシンポより

2017年に山形県で開催された国際オウトウシンポジウムで海外の仕立てがいろいろ紹介された。世界的に労働力の確保が大きな課題になっており、生産効率が高く、機械化できる仕立て方がトレンドになっている。

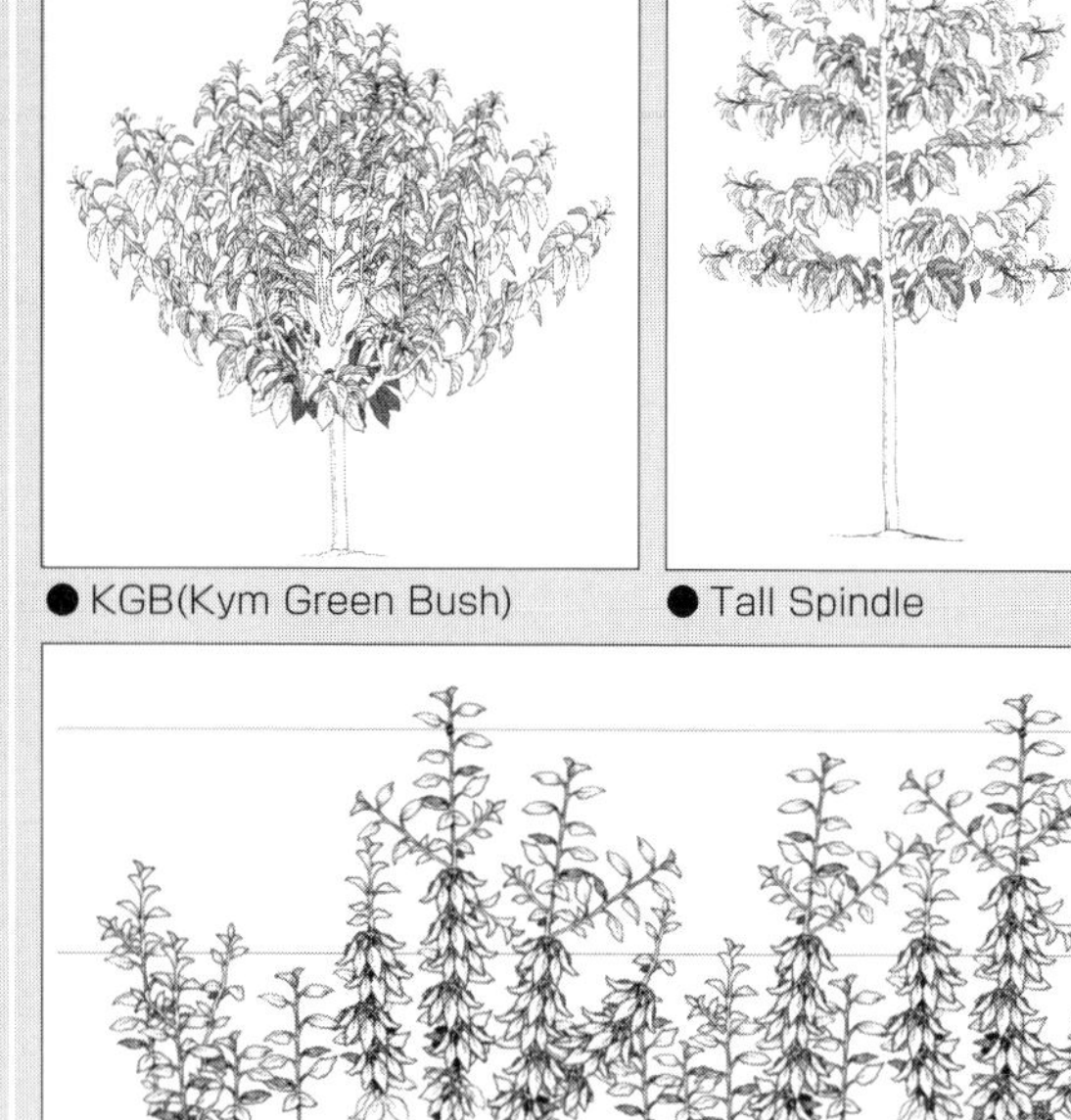

● KGB(Kym Green Bush)　● Tall Spindle　● Super Slender

● UFO(Upright Fruiting Offshoots)

図1-9　海外で注目の新しい仕立て方（『Cherry training systems』より引用）

米国のミシガン州立大学のラング博士が新しい仕立てとして、Kym Green Bush（KGB、オーストラリア）、Tall Spindle（ドイツ）、Super Slender（イタリア）、Upright Fruiting Offshoots（UFO、アメリカ）、などを紹介した（図1-9）。なかでも、UFOは多くの国で注目されており、アメリカ以外でも試作されている。台木は準わい化のGisela5、Gisela6が多く使われており、機械化を前提にした低樹高用の台木として一定の評価が得られている。紹介されたなかでは、樹形が単純で生産効率がもっとも高いUFOと、せん定が簡単で導入が比較的容易なKGBなどが日本での適応性に興味がもたれる。

KGB、Tall Spindle、Super Slender、UFOなどの仕立てについては、ラング博士が共著者の一人になっている『Cheery training systems』に詳細が載っており、インターネットで閲覧することができる。

今回のシンポジウムの目玉として紹介されたUFO仕立ては、ブドウの短梢せん定のように、果実は樹の列に沿って平面的に着果するので、収穫やせん定の作業がしやすい。他のKGBシステムと同様に、更新可能な垂直の結果部位で果実を生産する。このシステムの長所は早期に成園化し、果実の歩留まりが高いことである。また受光態勢が全体にわたって均一で、樹冠は風の通りが良好で、病害発生率が低く抑えられ、光の分布も良好であることから果実品質も高い。

ミシガン州以外でも、ラング博士の指導により、アメリカのワシントンやニュージーランド、チリなどで取り組まれている。樹形は単純なUFOと、モモやオウトウなどで取り組まれているY字仕立てのようなV・UFOの2種類がある。

（以上、富田）

基本編

第2章 オウトウの有望品種

1 品種選択の基本

●特性を理解して選択する

オウトウは収穫に多くの労力を必要とし、果実の日持ちが短い。このため、品種の選択とその組み合わせがきわめて重要である。品種の選定にあたっては、①栽培性、果実品質などの特性、②品種間における交雑不和合性、③着色管理～収穫までの労力配分を考慮することが大切である。

山形県は「佐藤錦」を中心としながらも、その構成割合を減らして「紅秀峰」などの優良品種の導入をはかっていくこと、山梨県の場合は、「高砂」「豊錦」を中心にした系統出荷と、「佐藤錦」「紅秀峰」を中心にした観光園とに二分されるが、いずれも優良な早生品種を導入することによって、経営安定や収穫期間の分散をはかることが求められている（表2-1、表2-2）。

●暖地で利用したい「紅秀峰」

安定生産が求められる暖地のオウトウ栽培では、品種は、結実性・生理落果の有無、花芽形成の良否などによって評価される。そうしたなかでこれまで「高砂」「香夏錦」「豊錦」などが選ばれてきた。

暖地においては、開花期の高温による結実不良が問題となる。高温により胚珠が退化して、受精能力を失うためだが、「佐藤錦」はその傾向が顕著である反面、「紅秀峰」は優れた結実を示している。これは「紅秀峰」の胚珠の寿命の長さが関係していると

表2-1　山形県の奨励品種

奨励品種	優良品種	特定・試作品種
佐藤錦、紅秀峰	ナポレオン、紅さやか	南陽、紅てまり*、紅きらり*、紅ゆたか*、山形C12号*

注）＊印は特定・試作品種の中の「試作品種」

表2-2　山梨県の奨励品種

奨励品種	優良品種	特定品種
高砂、佐藤錦	甲斐オウ果1（富士あかね）、紅秀峰	香夏錦、さおり

注）奨励品種：広く普及奨励するもの
優良品種：農家の品種選択の目安として推奨するもの
特定品種：特定の地域に限定されるもの、特定の用途のため普及しようとするもの

表2-3　話題となっている近年育成された新品種の概要

品種名（商標名）	育成組み合わせ	品種登録等		収穫期	S遺伝子型	大きさ（g）	備考
		登録年	登録者				
紅さやか	佐藤錦×セネカ	平成3年	山形県	6/上	S^1S^6	5～7	極早生、赤肉
甲斐オウ果6（甲斐ルビー）	紅てまり×豊錦	平成27年	山梨県	5/下	S^6S^9	6～8	着色多、果肉硬さ中
ぽれん太	紅秀峰×（高砂×香夏錦）	平成30年	山梨県	6/上～中	S^1S^4	6程度	甲斐オウ果6の受粉用品種として育成
紅ゆたか	バン×（ビング×黄玉）	平成21年	山形県	6/中	S^1S^6	7～9	果肉先行先熟、果肉軟
甲斐オウ果1（富士あかね）	高砂×佐藤錦	平成18年	山梨県	6/上	S^1S^3	7～8	着色中、果肉硬さ中
紅香	佐藤錦の自然交雑実生	平成21年	㈱天香園	6/中	S^1S^2	7～9	着色中、果肉やや軟
ジューンブライト	南陽の自然交雑実生	平成19年	（地独）北海道総研機構	6/中～下	S^3S^9	7～9	着色やや少、果肉軟
山形C12号（やまがた紅王）	紅秀峰×（レーニア×紅さやか）	出願公表	山形県	6/下～7/上	S^1S^6	10～12	着色多、果肉硬
紅きらり	レーニア×コンパクトステラ	平成20年	山形県	6/下～7/上	$S^1S^{4'}$	8～10	自家和合性
紅秀峰	佐藤錦×天香錦	平成3年	山形県	6/下～7/上	S^4S^6	8～10	果肉硬、高糖度
月山錦	不明	中国の王逢寿氏が育成		6/下～7/上	S^3S^6	8～10	果皮黄色
大将錦	偶発実生	平成2年	加藤　勇	7/上	S^1S^4	8～10	心臓形、果肉硬
紅てまり	ビック×佐藤錦	平成11年	山形県	7/上～中	S^1S^6	9～11	着色良、果肉硬

注）山形県立園芸試験場バイオ育種部成績、育成道県成果情報、研究報告、種苗登録資料から抜粋し作成

考えられる。さらに、「紅秀峰」は、果実品質や日持ちも優れている。こうしたことから暖地では「紅秀峰」の導入が有効である。

●近年の注目品種

オウトウ主産県では特徴ある県オリジナルの品種育成を進めており、山形県育成の「山形C12号（商標名：やまがた紅王）」など大玉で良好な食味が特徴である。苗木の供給は県内限定とされ、とくに「山形C12号」を育成した山形県は果樹では初となる「生産者登録制度」を導入し、品質のバラツキをなくそうとしている。

山梨県育成の「甲斐オウ果6」（商標名：甲斐ルビー）は、「高砂」の前に成熟する早生品種で、「ぽれん太」は極早生品種で、開花が早く花粉量も多い受粉兼用の品種である（表2-3）。

（以上、富田）

①自家和合性の「紅きらり」

1989年に山形県立園芸試験場（現山形県農業総合研究センター園芸農業研究所、以下同）において、種子親に「レーニア」、花粉親に「コンパクトステラ」を用いた交雑により育成された品種である。この品種の最大の特徴はS遺伝子型が$S^1S^{4'}$で、自分の花粉で結実できる自家和合性を有するとともに、いずれの品種とも交雑和合性があることである。育成地（山形県）における開花期は4月下旬～5月上旬で「佐藤錦」より1～2日早いので、受粉樹としても有益である。若木のうちは直立しやすく、花芽が着生しにくいことから、誘引などにより側枝を開かせ、花芽の着生を促す必要が

ある。

果実は8〜10gで、黄色地に鮮紅色に着色し、光沢のある外観である。果肉の硬さは中程度である。糖度は18〜19%、酸度は0.6〜0.7%であっさりした食味である。着色始期は「佐藤錦」よりやや遅れるが、成熟期が近づくと急激に着色が進むため、着色程度で収穫期を把握することができる。

（以上、米野）

②受粉用品種「ぽれん太」

「ぽれん太」は、山梨県果樹試験場が開発した受粉用オウトウ品種である。やはり同試験場が開発した極早生品種の「甲斐オウ果6」の開花期が既存品種より早く、交互受粉できる品種がなかったので、その受粉用品種として開発された（表2-4）。受粉樹として山梨県では現在、「ナポレオン」がおもに使われているが、開花期が主要品種より遅く、貯蔵花粉として使用することが多い。活性の高い花粉を調製するには、より早い時期に花を採取する必要があった。

「ぽれん太」は「紅秀峰」に「オウトウ山梨5号」（「高砂」×「香夏錦」）を交雑して育成した。満開期は、4月7日で「高砂」より5日、「紅秀峰」より9日早い。花芽の着生は「紅秀峰」と同程度で多い。1花あたりの花粉量は約13万4000粒で、「紅秀峰」の約7万6000粒や「ナポレオン」の約9万5000粒と比べて多い。S遺伝子型はS^1S^4で、「甲斐オウ果6（S^6S^9）」や「高砂（S^1S^6）」および「佐藤錦（S^3S^6）」「甲斐オウ果1（富士あかね）（S^1S^3）」「紅秀峰（S^4S^6）」などと異なり、それぞれに親和性がある。また、実際の交配試験においても十分な結実率が得られている（表2-5）。「ぽれん太」の品種名は、花粉を意味するポーレン（pollen）が多い、に由来する（写真2-1）。

なお、苗木配布については当面、山梨県内限定として取り扱われている。

（以上、富田）

表2-4　「ぽれん太」の開花特性（山梨県果樹試験場）

品種名	台木	調査樹齢	開花始め	満開
ぽれん太	自根	7〜11	4/3	4/7
甲斐オウ果6	アオバザクラ	3〜5	4/5	4/7
高砂	アオバザクラ	14〜18	4/9	4/12
紅秀峰	アオバザクラ	14〜18	4/12	4/16

注）調査樹齢は、調査した2011〜2015年時の樹齢を示す
「開花始め」および「満開」は、2011〜2015年の平均日を示す

表2-5　「ぽれん太」と主要品種のS遺伝子型および結実率（山梨県果樹試験場）

品種名	S遺伝子型	結実率（%）
ぽれん太	S^1S^4	−
甲斐オウ果6	S^6S^9	30.8
高砂	S^1S^6	20.1
佐藤錦	S^3S^6	38.6
甲斐オウ果1（富士あかね）	S^1S^3	16.3
紅秀峰	S^4S^6	17.6

写真2-1　受粉用品種「ぽれん太」の開花状況

2 おもな品種の栽培特性

【山形県】

①紅さやか

1979年に山形県立園芸試験場において、種子親に「佐藤錦」、花粉親に赤肉系品種の「セネカ」を用いた交雑により育成された。

育成地における開花期は「佐藤錦」より1日程度早く、S遺伝子型はS^1S^6であり、主力品種の「佐藤錦」や「紅秀峰」と交配和合性である。開花期が主力品種の「佐藤錦」と近く、花粉の量が多いことから、受粉樹としての能力が非常に高い。

本来の特性としては、赤肉で果皮色が紫黒色となる品種であるが、果皮色が濃赤色でも十分な食味であることから、育成地（山形県）では、6月上旬に収穫しており、オウトウシーズンの最初に収穫される品種としての位置づけが確立している。

果実重は5～6g程度でM（果実横径19～22㎜）中心であるが、きちんと摘果すれば7g程度でL（果実横径22～25㎜）級にもなり、この時期の品種としては果実肥大が良好で、やや酸味が勝るが、食味がよい品種である。

②高砂

1842年にアメリカで「Yellow Spanish」の実生から育成した品種で、原名は「Rockport Bigarreau」という。日本には1872年に導入され、山形県では当初11号（北海道では8号）と呼ばれていたが、1910年の品種名称一定協議会で「高砂」と呼ぶことになった。

山形県における開花期は「佐藤錦」より2日程度早く、S遺伝子型はS^1S^6であり、主力品種の「佐藤錦」や「紅秀峰」と交配和合性である。

樹勢が旺盛で、樹姿が直立性で結果樹齢になっても開張しない。熟期は6月中旬（満開50日後頃）で「佐藤錦」より7日程度早く収穫できる。果実は6g程度でM（果実横径19～22㎜）～L（果実横径22～25㎜）が中心で、着色はしやすい。酸味が強く、果実の大きさのわりに核が大きいのが特徴である。

自発休眠覚醒に必要な低温要求量が少なく暖地での栽培に向くことから、山梨県では主力品種の一つとなっている。

③紅ゆたか

1990年に山形県立園芸試験場において、種子親に「バン」、花粉親に「C-21-7」（「ビング」×「黄玉」）を用いた交雑により育成された。

育成地における開花期は「佐藤錦」より1～2日遅く、S遺伝子型はS^1S^6であり、主力品種の「佐藤錦」や「紅秀峰」と交配和合性であるが、「高砂」「紅さやか」とは交配不和合性である。収穫時期は6月中旬で「高砂」とほぼ同時期である。

果実重は7～9gで2L（果実横径25～28㎜）中心となり、糖度は19%程度、酸味は比較的少なく、甘味があり食味良好である。果形は横幅が広い扁円形で、雨よけ栽培であっても裂果が見られる場合がある。

果皮は赤色となるが、着色しにくい特性がある。ただし、この時期の品種としては果実肥大がよく、食味がよいことから、観

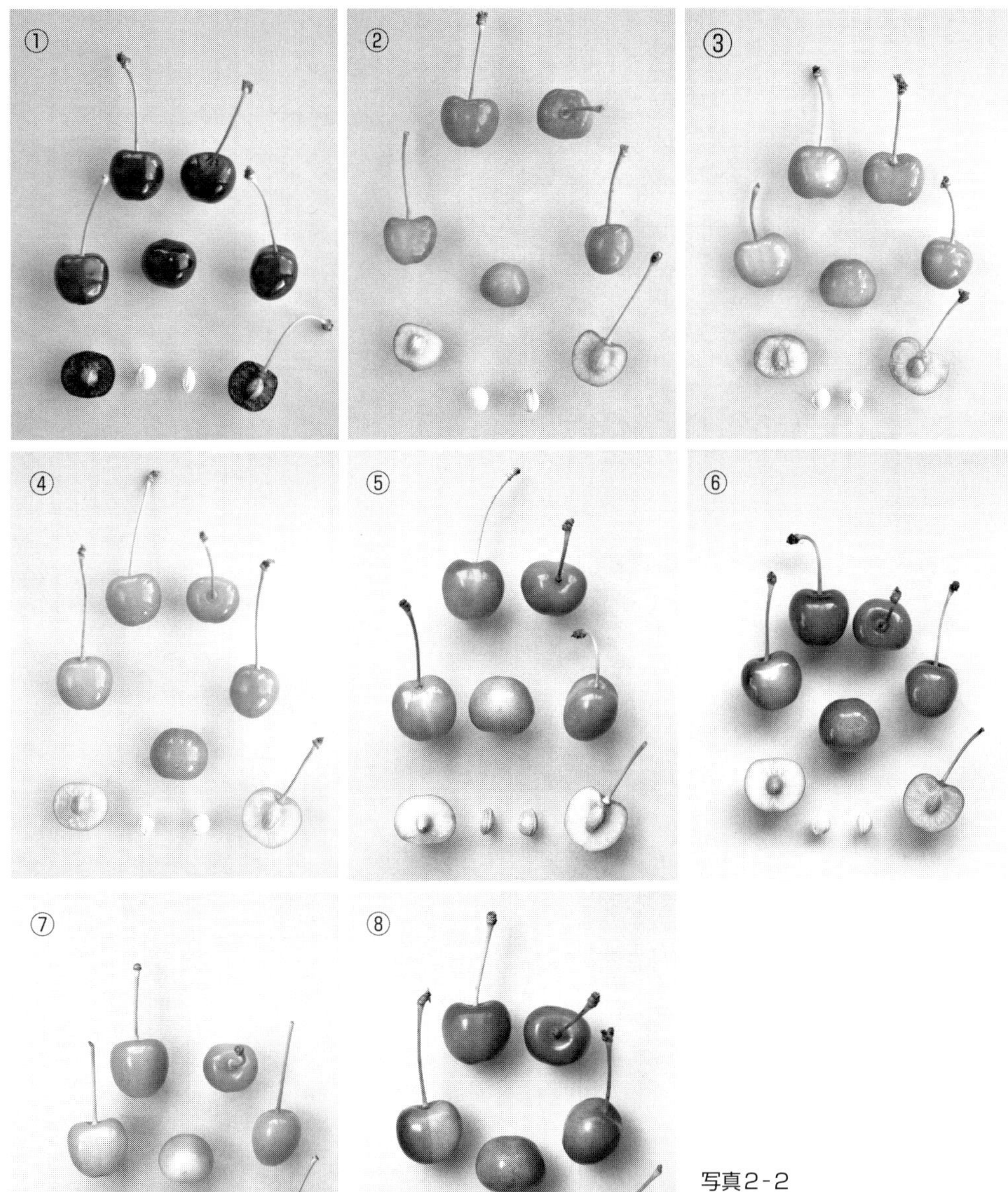

写真2-2
代表的なオウトウ品種（山形県）
①紅さやか、②高砂、③紅ゆたか、④佐藤錦、⑤紅きらり、⑥紅秀峰、⑦ナポレオン、⑧紅てまり

光果樹園などでの栽培が期待できる。

④佐藤錦

1912年に山形県東根市の佐藤栄助氏が育成した。種子親に「ナポレオン」、花粉親に「黄玉」を用いた交雑で育成され、国内栽培面積の2/3を占める国産オウトウを代表する品種である。

山形県における開花期は4月下旬で、S遺伝子型はS^3S^6、「紅さやか」「高砂」「紅秀峰」「ナポレオン」など多くの品種と交配和合性だが、オウトウのなかでも結実しにくい品種なので、安定生産のためには結実確保対策を徹底する必要がある。

樹勢は旺盛で、幼木期の樹姿は直立しやすいが、結果樹齢に達すると次第に開張してくる。熟期は6月下旬（満開55日後頃）である。果実は7g程度でL（果実横径22～25㎜）～2L（果実横径25～28㎜）が中心である。食味良好で比較的着色しやすいが、収穫盛期をすぎると果実が急激に軟らかくなり、いわゆる「ウルミ果」が発生しやすい。そのため早期に着色が進むように着色管理を徹底する。

⑤紅秀峰

　1979年に山形県立園芸試験場において、種子親に「佐藤錦」、花粉親に「天香錦」を用いた交雑により育成された。

　育成地における開花期は「佐藤錦」より2～3日程度早く、S遺伝子型はS^4S^6であり、主力品種の「佐藤錦」と交配和合性である。収穫時期は6月下旬～7月上旬で、「佐藤錦」の収穫がほぼ終了した頃から収穫時期となる。

　果実重は8～10gと大玉で2L（果実横径25～28㎜）中心の品種であるが、早期に着果制限することで、3Lの割合を高めることができる。糖度は22～24%で、酸味が少なく、濃厚な甘味が特徴で、「佐藤錦」より日持ち性や輸送性に優れる。果実は比較的容易に鮮紅色～濃赤色に着色するが、果実全体を着色させるためには、きちんとした管理が必要である。

　この品種の最大の特徴は、花束状短果枝あたりの花芽が多く、かつ、結実しやすいことである。そのため、着果制限を行なわないと着果過多になり、品種特性を十分に発揮できない場合や樹勢を弱らせてしまう場合がある。高品質果実生産のためには、摘芽や早期摘果など徹底した着果制限が必要となる。

⑥ナポレオン

　18世紀にはヨーロッパ各地で栽培されていたといわれており、かなり古くから栽培されている品種だが、来歴は不明である。日本には明治初期に導入され、山形県では当初10号（各地で異なる）と呼ばれていた。

　1910年の品種名称一定協議会で「ナポレオン」と呼ぶことになった。加工用（缶詰用）栽培が主体であった1970年代までオウトウの中心品種で、その後、生食向け栽培が主体になると栽培面積は減少していった。

　山形県における開花期は「佐藤錦」より1～2日早く、S遺伝子型はS^3S^4であり、主力品種の「佐藤錦」や「紅秀峰」ほかほとんどの品種と交配和合性である。1花あたりの花粉量が多いことから受粉樹としての能力は高い。

　樹勢は旺盛だが、枝が柔らかいことからオウトウのなかでは開張しやすい品種である。熟期は6月下旬～7月上旬（満開60～65日後頃）で「佐藤錦」より7～10日程度遅い。果実は7g程度でL（果実横径22～25㎜）が中心で、果実が縦長で果頂部がややとがる特徴がある。完熟すると甘酸適和で食味濃厚だが、果肉が軟らかくなり輸送性が劣ることから、生食向け出荷は非常に少ないが、現在でも缶詰加工用として需要が高い。

⑦紅てまり

　1980年に山形県立園芸試験場において、交配された実生の中から選抜された。品種登録時には交配した両親が不明であったが、その後の遺伝子解析によって種子親が「ビック」、花粉親が「佐藤錦」と判明した。

枝は比較的柔らかく、樹姿は開張性であり、花束状短果枝の着生は容易である。

育成地における開花期は「佐藤錦」より1日程度早く、S遺伝子型はS^1S^6であり、主力品種の「佐藤錦」や「紅秀峰」と交配和合性であるが、「高砂」「紅さやか」とは交配不和合である。収穫期は7月上～中旬で、育成地においてはオウトウのシーズン最後を飾る品種となっている。

果実重は、9～10gと大玉で、糖度は20%程度、適度な酸味もあり、食味が濃厚な品種である。果実は濃赤色で着色しやすく、日持ち性も比較的良好である。軸の付け根がゆるく、収穫中に軸抜けを生じる場合がある。

（以上、米野）

【山梨県】

①甲斐オウ果1

「甲斐オウ果1（商標名：富士あかね）」は、山梨県で育成された初めてのオリジナル品種である。この品種は、早生で着色の優れる「高砂」に、糖度が高く食味が優れる「佐藤錦」を交雑して選抜された。収穫時期は、「高砂」とほぼ同時期となる6月上旬。果実は7～8gになり、早生品種としては大玉で、大きさのバラツキが少ない。「佐藤錦」より結実が安定して、着色も容易である。色は鮮やかな紅色である。糖度は20%程度と高く、酸味もあるので、食味は濃厚である。「高砂」や「佐藤錦」に比べて果梗（軸）が長い特徴がある。

「甲斐オウ果1」のS遺伝子型はS^1S^3で、「ナポレオン（S^3S^4）」や「佐藤錦（S^3S^6）」「高砂（S^1S^6）」および「紅秀峰（S^4S^6）」などと異なり、それぞれに親和性がある。

②甲斐オウ果6

「甲斐オウ果6（商標名：甲斐ルビー）」は、山梨県で育成された早生のオリジナル品種である。大玉で着色のよい「紅てまり」に極早生品種の「豊錦」を交雑して選抜された。収穫時期は、「高砂」より5日程度早い5月下旬で、極早生品種である。着色

写真2-3　山梨県オリジナルの品種「甲斐オウ果6」（左）と「甲斐オウ果1」（右）の結実状況

は良好で、完熟すると濃赤色となる。糖度は21%程度で食味が優れ、酸含量は「高砂」と同程度かやや低い。

「甲斐オウ果6」のS遺伝子型はS^6S^9で、「ぽれん太（S^1S^4）」「高砂（S^1S^6）」「佐藤錦（S^3S^6）」「紅秀峰（S^4S^6）」「ナポレオン（S^3S^4）」と親和性がある。開花が早いので、結実確保には貯蔵花粉または開花が早い「ぽれん太」を用いる（写真2-3）。

3 おもな台木品種

●定番のアオバザクラ台から各種の強勢台木へ

①今でも主力はアオバザクラ台

外国からオウトウが導入された明治時代にはマザード台やマハレブ台が使用されていたが、繁殖効率や苗木の植え付け後の生育不良などから、挿し木発根性がよく、接ぎ木後の初期生育がよいアオバザクラ台が多く用いられるようになった。

しかしアオバザクラ台は、細根は多いものの浅根になりやすく、接ぎ木部がもろい。そのため、乾燥や台風など強風の影響を受け倒伏しやすい。また、初期生育はよいが、成木になり収量が上がってくると樹勢が低下しやすい。さらに、他の台木に比べ、野ソの食害を受けやすく、植え付けた若木が全滅した例もある。このような状況でも、繁殖性のよさから今でも主力の台木となっている。

②低樹高化対応の台木

一方、オウトウでも低樹高化の対応としてわい性台木の導入が検討され、イギリスから導入されたコルト台が利用されたが、アオバザクラ台と比較して生育が旺盛となり、低樹高化にはならなかった。ただし、根量が多く、多収向けの台木として利用されている。その他にも、低樹高化に向けた台木がいくつか検討されたが、樹勢、生産性、穂品種との親和性や適応性などから、現在山梨県内で普及している台木はなく、仕立て方法や夏季せん定などで低樹高化への対応をはかっている。

③強勢台木の検討

地力の低い圃場、改植を繰り返し2~3代目となる圃場や加温栽培では、樹勢低下が課題となっている。また、野ソの被害も増加し、アオバザクラに代わるより強い台木が求められるなか、ヒガンザクラやヤマザクラの系統が好成績を上げ、利用が進んでいる（図2-1）。ただし、繁殖性や樹勢のコントロール、および結果樹齢に達するのがやや遅れるなどの課題が残る。

以下、各品種の特徴を紹介する。

エドヒガンザクラ　人里近くに生育し、野

（亜属）
サクラ属
- スモモ
- サクラ
  （種）
  - ヤマザクラ
  - オオシマザクラ
  - エドヒガンザクラ
  - マメザクラ（フジザクラ）
  - チョウジザクラ
  - オオヤマザクラ
  - カスミザクラ
  - タカネザクラ（チシマザクラ）
  - ミヤマザクラ
  - カンヒザクラ（台湾原産）
  - シナミザクラ（中国原産）
- モモ
- ウメ
- ニワウメ
- ウワズミザクラ

図2-1　サクラ属の系統

写真2-4　アオバザクラ（左）とエドヒガンザクラ（右）の根量比較
エドヒガンザクラは根量が多く，これを台木とした場合、穂品種は寿命が長く、樹体も大きくなる

生種のサクラの中ではもっとも寿命が長く、大木になる（写真2-4）。「石割桜」「神代桜」「薄墨桜」「久保桜」など天然記念物に指定されている桜樹の多くがエドヒガンザクラである。台木とした場合、結実までに10年以上を要する。結実し始めると寿命は長く、果実品質はよい。

ヤマザクラ　東北南部から四国、九州に分布している。20m近くの大木になることが多い。挿し木はできないので、種子で繁殖する。台木とした場合、結実までに10年以上を要する。結実し始めると寿命は長く、果実品質はよい。エドヒガンザクラより樹高はわずかに低くなる。

オオシマザクラ　関東南部の暖地に分布する。伊豆七島に多く自生している。この若葉の塩漬けは桜餅を包むのに使われている。台木とした場合、結実までに10年以上を要し、接ぎ木親和性はおおむね良好である。結実し始めると寿命は長く、果実品質はよい。着色が濃紅色になりやすい。

（以上、富田）

●主流はアオバザクラとコルト

前述の通り、わが国でも、わい性台木のタイザンフクン（山形県）や耐寒性の強いチシマ1号（北海道）などの台木品種が開発されたが、いずれも繁殖性が悪いなどの理由からほとんど普及していない。ここでは、現在流通している苗木の9割程度と推定されるアオバザクラ台とコルト台について紹介する。

①アオバザクラ

マザクラ（真桜）やアオハダザクラ（青肌桜）、ダイザクラ（台ザクラ）とも呼ばれる。この品種の最大の特徴は休眠枝挿しでも容易に発根するなど、繁殖性がきわめて高いことである。明治以降、全国にソメイヨシノが普及した際、その台木として利用されていたものがオウトウにも利用されるようになったものと推測される。その時期は不明であるが、大正年間（1912～1926）の半ばにはオウトウ台木の主流となっていたようである。

さまざまなオウトウ品種と接ぎ木親和性がよく、穂品種の生育も良好である。また、樹勢が旺盛になりすぎないことから花束状短果枝の着生もよく、着色良好で、糖度が高い高品質な果実を生産しやすい。

アオバザクラは比較的深い土層まで根を張り、細根の発生も比較的多いものの、通気性を好むことから、水田転作園へ植え付ける際は排水対策を十分に行なう。接ぎ木部がもろく強風などで倒伏しやすいことや、野ソの被害を受けやすいなどの欠点もあるため、植栽時は、接ぎ木部が隠れる程度に植え付け、野ソ対策を十分に講じる。

②コルト

英国のイーストモーリング研究所でマザード（Mazard）の系統のF299／2と中国オウトウのシロハナカラミザクラの交雑実生から1971年に選抜され、1974年にCOLTと命名された台木品種である。欧米で標準台として流通しているF12／1（マザードの系統で喬木性）と比較すると、樹冠容積は小さくなるが、アオバザクラ台との比較では樹勢がきわめて旺盛で、樹は大きくなる（図2-2）。樹勢が旺盛なことから着色はアオバザクラ台よりやや進みにくいが、果実肥大は良好である。

山形県で育成された品種「紅秀峰」は、アオバザクラ台では結実過多により樹勢が衰える場合があることから、コルト台を利用する場合が多かったが、近年は「佐藤錦」でも大玉生産のため導入する生産者が多い。

肥沃な園地では、「紅きらり」「佐藤錦」など品種によって花芽の着生や果実品質（着色、食味）が劣ることがあるので、早めに間伐を行ないながら樹冠を広げ、樹勢をコントロールする。

③その他の台木

アオバザクラ台、コルト台以外にも現在、スーパー6台やダーレン台などが流通しているが、詳細な研究事例がない。

スーパー6は、茎頂培養中のコルトをコルヒチン処理し、その後、増殖用の培地で育成した個体の中から選抜した品種で、染色体数が2n＝48の6倍体である。樹勢はコルトとアオバザクラと中間で、樹の大きさも両台木の中間となる。

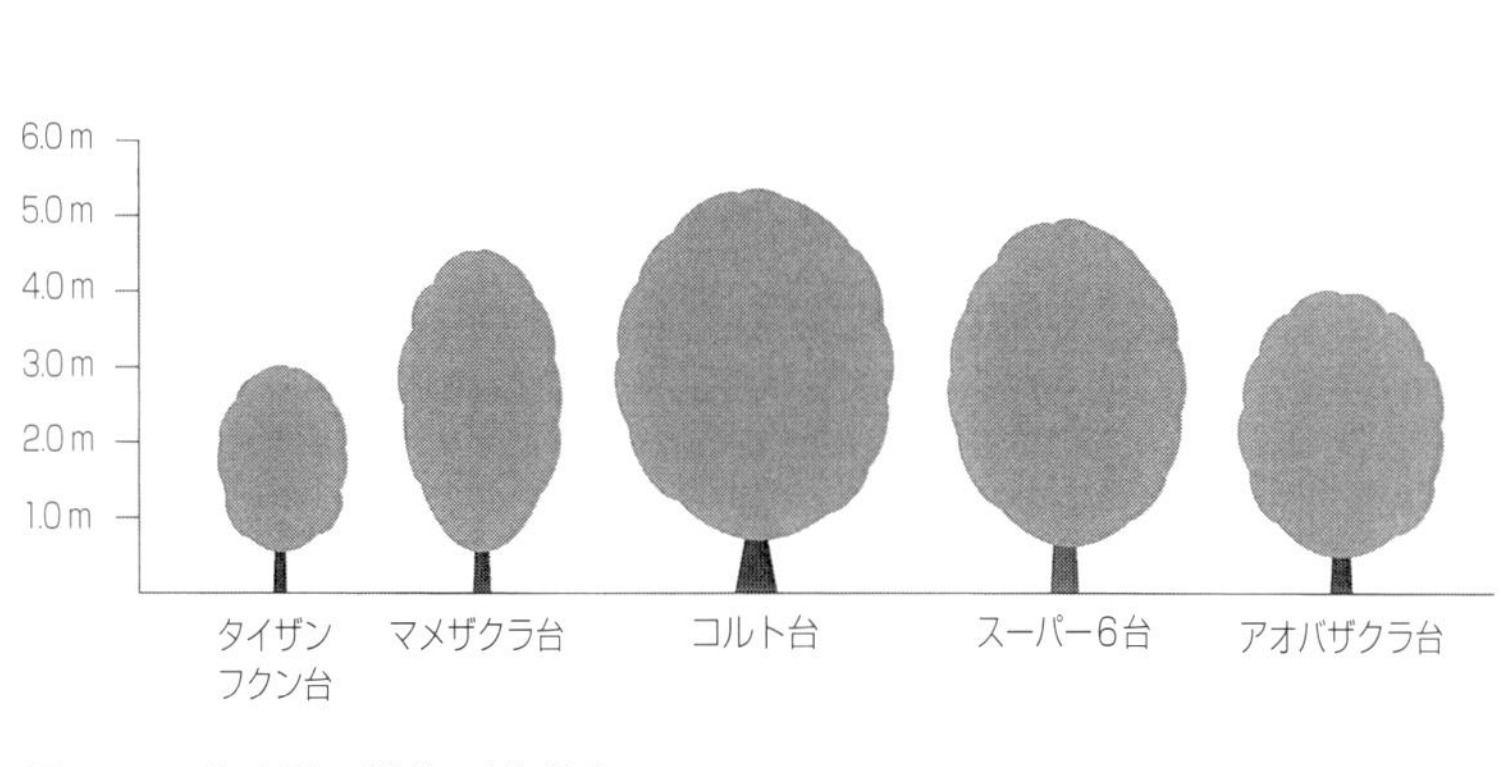

図2-2　台木別の樹体の模式図

ダーレンは、中国の王逢寿氏が中国実ザクラと東北ヤマザクラの交配実生から選別した品種で、樹勢が非常に旺盛で、アオバザクラと比較すると花芽の着生が遅れがちであるが、結実した果実は熟すのが早い傾向が見られる。

（以上、米野）

実際編

第3章 7〜11月——収穫後・養分蓄積期の作業

秋季せん定、秋肥、深耕ほか

1 収穫後から栽培はスタートする

●秋まで健全な葉を維持、貯蔵養分を稼ぐ

オウトウは葉が働く前に開花し、収穫までの期間が短い。加えて開花数が多い。そのため、生育、結実、品質の良否は、前年までにいかに多くの養分を樹体内に蓄えられるかにかかっている。最近の研究でも、花芽の良否と翌年の果実品質との関係は明らかで、花束状短果枝が大きいほど果実肥大や着色が優れ、糖度は高くなる（図3－1）。

花束状短果枝の充実には、収穫後の管理による貯蔵養分の蓄積が重要である。近年、従来以上に高品質なオウトウ生産が求められているなか、施肥や病害虫防除など収穫後の管理をしっかり行ない、花芽の充実・発達を促すよう努めることが重要である。

●礼肥と十分な灌水で双子果も減少

①収穫後の栄養的飢餓を脱する礼肥

オウトウ樹では、収穫期（6月）以降、花芽分化の時期を迎える。多く実をならせた樹は収穫後、栄養的に飢餓に近い状況にある。そこで、できるだけ速やかに速効性

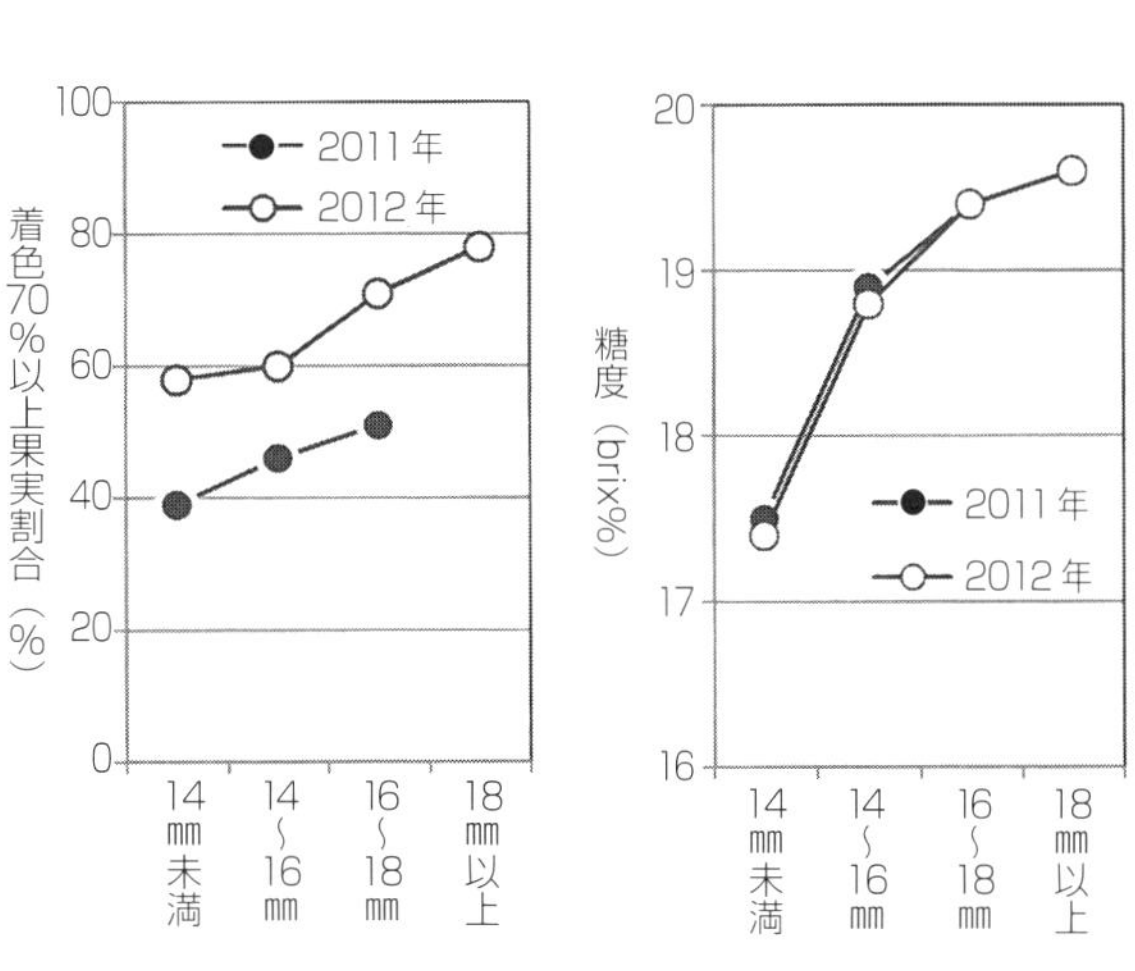

図3－1　花束状短果枝の幅と果実品質の関係（山形農総研セ園試、2013）
品種は「佐藤錦」、花束状短果枝の幅は休眠期に測定

肥料を施し、樹体の栄養状況を回復させる（礼肥）。具体的には、普通畑で年間施肥量の20～50%、やせ地で20%、砂丘未熟土で40%ほどを礼肥で施肥する（後述、61ページ表3-4参照）。

　また、この時期は梅雨期間なので、例年であればその降雨により施肥養分が樹に吸収されるが、近年は地球温暖化の影響からか、何日間も雨の降らない日が続くことも珍しくなくなってきた。雨が降りそうにない場合は、礼肥の後、十分な灌水（20㎜の降雨相当量）を行なうようにする。

　また、花芽の充実には、根から吸収する養分以外にも葉が光合成によってつくりだす養分も重要である。そのためにも水は重要であり、とくに気温が高い7月～9月上旬、雨が少ない場合は土壌が乾燥しないよう、こまめに灌水する。

②灌水、樹上散水で双子果を抑える

　さらに、この時期の灌水は、オウトウの商品価値を低下させる双子果を減らす効果もある。

　双子果（花）は、花芽分化中（がく片形成期～雄ずい形成期）の高温や土壌の乾燥により花器が奇形になるために発生すると考えられている。発生部位は樹の南側で多く、とくに日当たりのよい樹上部で多い（樹の北側では発生が少ない）。この双子果の発生を抑制するには、灌水を行なって土壌水分の確保に努め、併せて、土壌からの水分蒸散を抑える敷きワラを行なうとより効果が高まる。また、日中30℃を超えた日の夕方（18時頃）、薬剤散布の要領で10aあたり500ℓ程度の樹上散水を行なうと、樹体温度を下げ、双子果の発生を抑制する効果も期待できる。

　なお、花芽分化のステージは地域差（図3-2）、年次差がある。7月中旬～9月上旬の間、雨が少ない場合は7～10日間隔で20㎜の降雨量（20t/10a）に相当する灌水を行なう。

　また同時期、雨よけ施設に遮光率50～70%の遮光ネットを設置するとやはり樹体

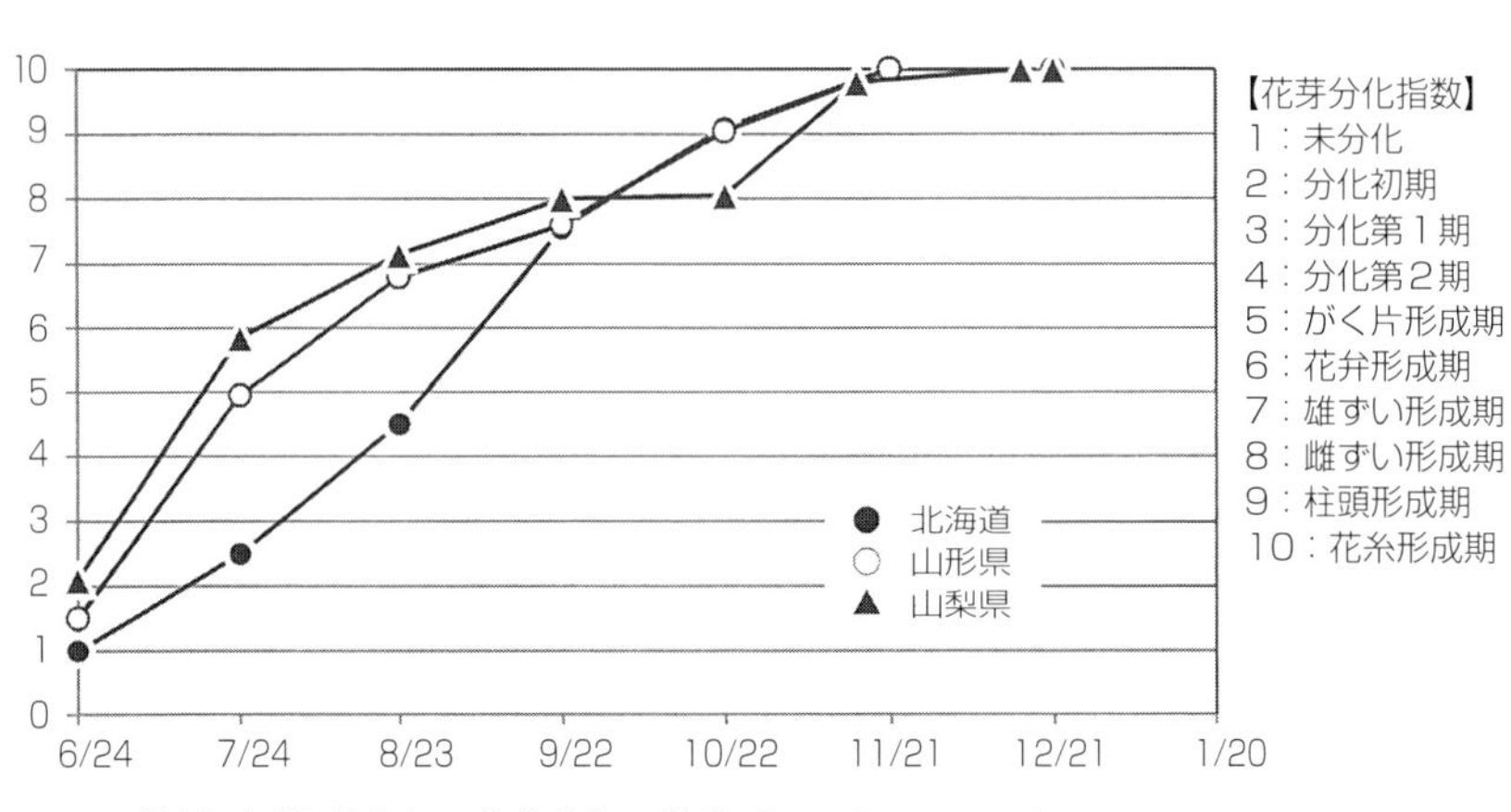

図3-2　地域別「佐藤錦」の花芽分化の推移（野口ら、1999）

表3-1　遮光程度と花芽形質、落葉期および双子果率（山形農総研セ園試、2002）

区	落葉期（月/日）	花芽横径（㎜）	小花数（花数/花芽）	双子果率（%）
95%遮光ネット	12/3	3.3	3.1	0.0
70%遮光ネット	11/30	3.6	3.1	0.0
45%遮光ネット	11/20	3.6	3.4	0.0
無遮光	11/15	3.7	3.7	4.6

温度を下げる効果があり、双子果防止に有効である（表3-1）。ただし、遮光率が高すぎると花芽の充実不足や耐凍性の低下につながるので、注意する。

（以上、米野）

2 適正樹相とそれへの誘導

オウトウを安定生産するポイントは、オウトウの樹をいかに適正樹相に近づけ、それをどれだけ長く維持できるか、にかかっている。これは、整枝せん定なり、施肥管理なり単独の技術で成り立つものではなく、つねに樹の状態を観察し、それに応じた管理作業を体系化することによって実現できる。

適正樹相は、新梢、葉、花芽、花、果実などの状態から判断することができる。収穫後に改めてその作を振り返り、樹体を確認し、以後の管理に役立てる。以下にその基準を示す。

●適正樹相の判断

①新梢

新梢は、新梢長、伸長の停止時期、発生本数などが樹相を判断するうえで重要な項目となる。冬季せん定時に、前年伸びた新梢の長さ、発生本数を観察する。成木の場合、樹冠を上部・中部・下部の三つに分けて観察し、それぞれの部位で太枝の先端を見て、新梢長と新梢数により判断する。

新梢伸長の停止時期は、樹勢が強いほど遅く、弱いほど早くなる。収穫期間中から収穫後にかけて停止するくらいがよく、遅くまで伸長が続くと花芽や枝の充実を悪くする。また、収穫前に停止するようでは果実の肥大や着色が不良になる。

②葉

葉の大きさ、厚さ、色、落葉の様相などが目安となる。樹勢が強すぎる場合は、葉が大きく軟弱になり、暗緑色の葉色で、葉は薄くなる。適正樹相では、葉の大きさは中程度で葉の厚みが増す。また、葉色は濃い緑色を示す。樹勢が弱いと葉は小さく硬くなり、葉色は淡くなる。

一方、落葉は、樹勢が中庸であれば、秋の深まりとともに一斉に落葉する。二次伸長で秋伸びした枝は落葉までに時間がかかる。また、樹勢の衰弱した樹は、枯れ葉が遅くまでついている。

③花芽

若木で樹勢が強い状態では、花芽の着生が少ない。成木で発育枝基部の腋花芽のつきが少なく、短果枝でも腋花芽が少ない樹は、樹勢が強い状態といえる（図3-3）。

適正樹相の樹では新梢基部の数芽が腋花芽となり、花束状短果枝にも数個の花芽をつける。樹勢の弱い樹は、枝の先端まで花束状短果枝となり、新梢が発生しない側枝

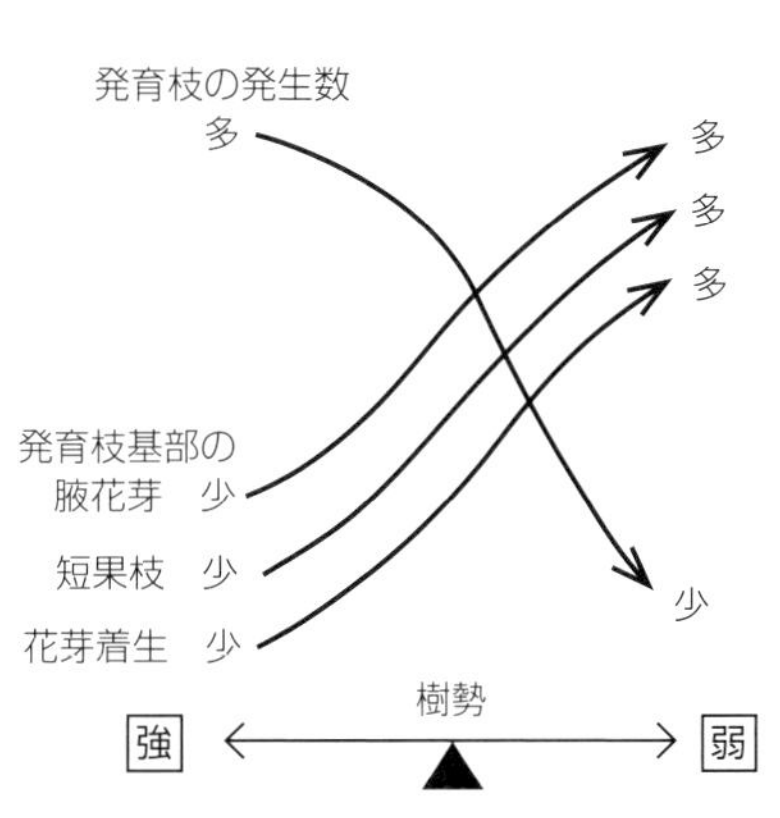

図3-3　樹勢の強弱と花芽着生の関係

が多くなる。また前年の生育期に病害虫の被害や何らかの障害で早期落葉すると、花芽の着生数が少なくなり充実不良となる。

④花

花は、花（果）梗が太く、また花弁の大きい花が一斉に咲き揃う状態がよい。遅咲きの花は、花器に不完全なものが多く、結実率も低い。

表3-2　樹勢と果実品質の関係

樹勢	果実品質			
	果実肥大	着色	食味	熟期
強い	良好であるが不揃い（L級中心）	遅れて不良	酸抜けが遅れ、糖度不足	成熟が遅れて、収穫期間も長い
適正	肥大が揃い良好（L級中心）	一斉で良好	肉質良好、糖度も高い	一斉に成熟し、収穫期間も短い
弱い	劣る（S、M級中心）	早いが不良	糖度が低く、食味不良	やや早いが、仕上がりは遅れる

⑤果実

適正樹相の樹では、果実の肥大・着色がよく、糖度の高いものを収穫できる。樹勢が強すぎると生理落果が多くなり、急激な肥大によって裂果が発生しやすい。また、着色が進みにくくなる。

逆に樹勢が弱い樹では、果実肥大が劣り、糖度が低く食味不良となる（表3-2）。

●山形県の樹相、山梨県の樹相

樹勢が強いか、弱いか、あるいは適正であるかは、診断基準をもとに1樹ごと的確に判断する。ただ、樹相は地域によって異なる。

ここでは山形県と山梨県における樹相判断の基準を次に示す。

（以上、富田）

①山形県（寒地・佐藤錦、紅秀峰）

【佐藤錦】　樹を高さ別に樹冠上部（3.0m前後）、目通り（1.5〜2.0m）、樹冠下部（1.5m以下）の3層に分け、6月下旬（新梢伸長停止期）にそれぞれの先端部の新梢発生本数や新梢長を把握することで樹相診断を行ない、その後の管理（施肥やせん定）の目安としている（図3-4）。

この時期「佐藤錦」の適正樹相の目安は、樹冠上部では1〜3本の新梢が発生して先端新梢長が20〜35cm、目通りでは1〜2本の新梢が発生して先端新梢長が20〜25cm、樹冠下部では新梢発生本数が1本程度で、先端新梢長は15〜20cmである。

また山形県では、このほか5月下旬（満開25日後）にも樹相診断を行ない、生育状況の強弱により着果量を加減している。

この時期の適正樹相は、目通りの先端新梢長が10〜12cm、新梢中位葉（先端から5枚目）の葉身長が14cm程度、葉の縦横比2.5以上、葉色ではSPAD（葉緑素計）値で31以下である。

【紅秀峰】　大玉品種としての特性を活かすため「佐藤錦」より強めの樹相を目指している。診断時期は6月下旬（新梢停止期）で、樹冠の高さ別にではなく樹全体として

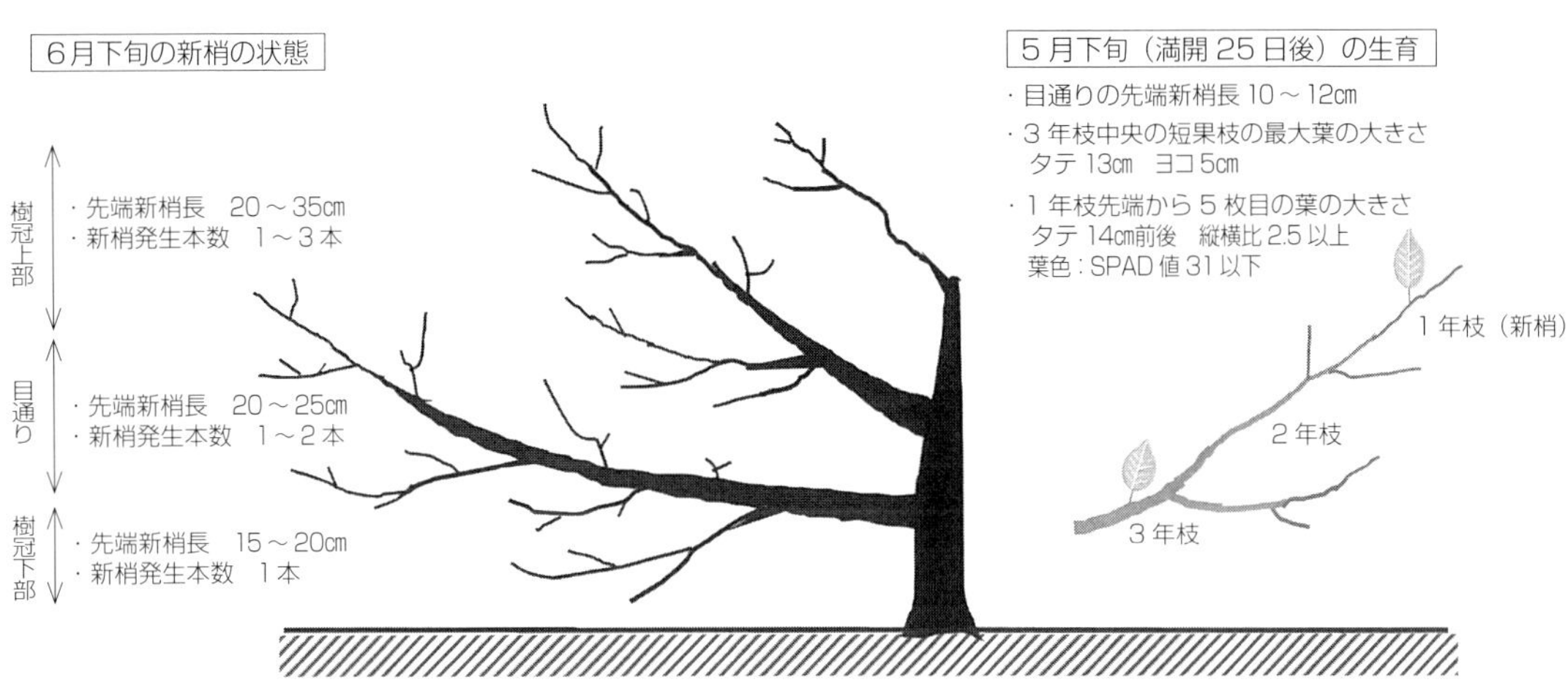

図3-4　山形県における「佐藤錦」の適正樹相の目安（「山形県おうとう振興指標」より抜粋）

表3-3　成木における主枝・亜主枝、および側枝の新梢による樹相診断基準（山梨県）

樹勢	主枝・亜主枝		側枝					
			斜立		水平		下垂	
	新梢数	先端新梢長	新梢数	先端新梢長	新梢数	先端新梢長	新梢数	先端新梢長
強い	3本以上	50cm以上	3本以上	40cm以上	3本以上	30cm以上	－	－
適正	2～3本	30～40cm	2～3本	20～30cm	2～3本	20～30cm	1～2本	10～20cm
弱い	2本以下	20cm以下	－	－	1本以下	10cm以下	1本以下	10cm以下

注）新梢数はそれぞれの先端部における数を、新梢長は延長枝の平均を示す。品種は「佐藤錦」

評価する。すなわち、側枝先端から30cm程度の新梢が1～3本発生し、先端部以外からも新梢の発生が見られる。また、花束状短果枝の最大葉の葉身長が13～15cmを「紅秀峰」のこの時期の適正樹相としている。

（以上、米野）

②山梨県
（暖地・佐藤錦、紅秀峰など（高砂を除く））

山梨県ではオウトウの樹相診断を、主枝・亜主枝および側枝それぞれの先端新梢長と、先端部の新梢数とで見ている（表3-3）。

具体的には、適正樹相では、主枝・亜主枝の先端部では新梢の発生数が2～3本で、先端新梢長が30～40cmである。斜立および水平方向に発生した側枝先端の新梢数は2～3本で、先端新梢長が20～30cm伸びている。下垂した側枝では先端の新梢の発生本数が1～2本で、先端新梢長は10～20cm伸びていることが基準となる。

樹勢が強いと判断する目安として、主枝・亜主枝の先端部の新梢発生数が3本以上で、先端新梢長が50cm以上伸びている。斜立および水平の側枝先端では、新梢の発生が3本以上で、先端新梢長が30～40cm伸びている。下垂した側枝はないことが基準となる。

逆に樹勢が弱いと判断する目安は、主枝・亜主枝の先端部の新梢発生数が2本以下、先端新梢長の伸びは20cm以下である。また斜立した側枝はなし。水平および下垂した側枝先端の新梢発生数は1本以下で、先端新梢長は10cm以下に留まっていることが基準となる。

③ もう一つの樹勢調節＝夏季（収穫後）せん定

●新梢伸長のコントロールの必要性

オウトウは開花から収穫までの多くを貯蔵養分によってまかなう。そのため、早期に展葉して新梢の生育が早期に停止する短果枝や中果枝の比率を高める管理が必要となる。

一方、オウトウの葉の光合成活性は完全展葉してから30～45日で最大に達し、その後は徐々に低下する。この光合成活性の低下には、樹冠内部の明るさも大きく影響する。新梢が旺盛に伸びて樹冠内部が暗い園は、収穫後早い時期に新梢基部の葉が黄変して落葉する。新梢が重なり合うと、日陰になった葉から光が当たっている葉にチッソが転流し、老化が促進されるためである。

光合成産物の貯蔵器官への蓄積は、おもに収穫期以降に行なわれるが、この蓄積には光合成活性の高い健全な葉を長期間保つことが重要となる。

また光合成産物の効率的利用という観点から栽培方法を考えると、樹冠内部まで多くの光が到達し、樹冠内のできるだけ多くの葉で十分に光合成させることが良品生産につながる（写真3-1）。そのために必要なのが、夏季せん定である。

●枝・芽の充実、作業性の改善も

オウトウは、太枝を冬季せん定でせん除すると樹勢が乱れやすいほか、切り口の癒合が悪く、乾燥で枯れ込みやすい。夏季せん定では、冬季せん定時に切ることのできなかった太枝を収穫後にせん除する。ノコギリを主体にした整枝せん定となる。

オウトウは、核果類の中でも光の要求度が高く、樹冠内部まで十分光が当たらないと花芽の充実をはかることができない。また短果枝が枯れ込んだりする。

さらに収穫後の夏季せん定には、樹勢を落ち着かせる働きとともに、樹高を抑え、作業性よい樹形を確立する目的もある。こうした樹は薬剤防除の効率が高く、かけムラも少なく抑えられる。

写真3-1　夏季せん定処理の前（左）と後（右）
樹冠内部がすっきり明るくなっている

●夏季せん定のポイント

①太枝抜きは慎重に、切り口は平滑に処理

極端な樹形改善は樹勢を弱らせるので、太枝の間引きは1年に1~2本程度とし、冬季せん定と併せて数年かけて計画的に行なう。側枝先端の新梢の伸びが20㎝以下の樹勢では、太枝抜きを含めて夏季せん定は行なわない。せん除した切り口の大きさは、幹の三分の一以下が望ましい。それ以上となる場合は、2~3年かけて枝の太りを抑えて幹との格差をつけてからせん除する。

切り口の良否は、その後のカルス形成に影響する（写真3-2）。切れ味のよいノコギリで切り口を滑らかにすることと、癒合剤による切り口保護が大切になる。

切り口を滑らかに切ったつもりでも、樹皮はささくれていることがある。切り口の縁をカッターナイフなどで丁寧に面取りしておくことで、その後のカルス形成は格段に向上する。そのうえで癒合剤を塗布し、切り口の乾燥を防止する。慌てて作業すると縁に塗り残しができるので、癒合剤はゆっくり丁寧に塗布する（60ページ写真3-3）。

写真3-2　丁寧に処理した切り口のカルス形成（2ヵ月後）と完全癒合した跡

②太枝以外の処理手順

ノコギリを使う太枝以外の枝の夏季せん定は、以下のように処理していく。

樹勢が旺盛で徒長枝の発生が多い場合、まずこの徒長枝をある程度せん除して、樹冠内部まで多くの光が到達するようにする。

次に、誘引によってできた空間に枝を配置して有効利用をはかる。せん定量をできるだけ減らすよう心掛ける。

また、主枝・亜主枝などの延長枝以外で旺盛な生育をしている新梢は、基部の5~6芽を残して摘心し、花芽形成を促す（102ページ写真7-2参照）。

枝の切り下げや間引きを行ない、作業性のよい樹形を計画的につくる。

（以上、富田）

●間伐・縮伐のタイミング

①隣り合う樹の枝が重なり始めたら永久樹の決定

果樹では、単位面積あたりの収量を早期に確保する「計画密植」がよく行なわれる。しかし、いざ結実し始めるとなかなか間伐できず、暗い園内でオウトウを栽培している事例をよく目にする。

オウトウは、樹冠内部まである程度日が当たらないと花束状短果枝が枯れあがる。そのため計画密植のままの本数をずっと残

してしまうと、かえって収量が減少してしまいがちである。さらに、着色や食味など、品質も低下してしまう。

そこで、園地の明るさを取り戻そうとして隣り合う双方の重なり枝を切り詰め、かえってどちらの樹も樹勢を強めて、結実不良や品質の低下を招いている例もある。

賢明なのは、隣り合う樹の枝が重なり始めたら（植栽距離にもよるが、3.5m間隔の場合、植え付け6年目くらい）「永久樹」と「間伐樹」を決め、それぞれの樹に合わせた樹体管理を実施することである。その際、永久樹として残す樹は「果実肥大や品質がよく、収量が多い樹」を基本に、植栽位置なども考慮に入れて決定する。加えて、結実を確保するため、受粉樹はできるだけ残すようにする。

②間伐・縮伐の判断とタイミング

隣の樹との間に十分な間隔が確保できなくなった時期が、間伐・縮伐のタイミングといえる。オウトウでは、隣り合う樹と樹の間は、おおよそ1m程度の樹冠間隔が必要であるといわれているが、間伐樹は一気に伐採してしまうと、それ以上に大きな空間ができて、極端な減収につながる場合がある。そこで、数年間、縮伐を行ない、大きな空間ができないようになったら伐採して、極端な減収を回避するようにする。

縮伐は、樹形にこだわらず永久樹の日当たりの妨げになるような枝をせん除するのが基本である。そのぶん強せん定になりやすく、樹勢を強めてしまう場合が多い。そこで、とくに樹勢が強い樹では、夏季に縮伐を実施する（樹勢の弱い樹は冬季に実施する）。夏季に縮伐（あるいは間伐）を行なうと日当たりが改善され、永久樹の花芽

写真3-3　夏季せん定後の切り口の処理
切り口を滑らかにささくれを残さないよう面取りし、癒合剤を塗布する

の充実がよくなる効果も期待できる。

4 礼肥と秋肥、深耕も

●山形県では秋肥が元肥

①年間施肥量

オウトウの標準的な年間施肥量（山形県）は、土壌条件や樹勢などによっても異なるが、一般的な畑土壌ではチッソ、リン酸、カリがそれぞれ10aあたり15kg、6kg、12kgで、砂丘未熟土では10aあたり20kg、8kg、16kg程度が目安である（表3-4）。ただ、その量は樹勢や結実程度、土壌診断の結果などを考慮し、樹勢が強い場合は標準より減らしたり、逆に樹勢が弱い場合は量や回数を増やしたりするなど調整する。そのための樹相診断の目安を57ページ図3-4に示した（7月礼肥の判断として6月下旬の樹勢を目安にする）。

近年は、長年の施肥や有機物の施用に起因して、リン酸やカリが必要以上に蓄積している園地が多く見られる。そのため定期的に土壌診断を実施し、過剰に蓄積している成分を減らすなど施肥の改善を実施する。

②礼肥の割合、種類

前述した通り、山形県では7月上〜中旬にオウトウの収穫が終了した後、樹体の栄養状態の回復と健全な花芽分化を促すために礼肥を施用する。

その量は年間施用量の20％以上を基本とするが、施肥時期が早いほどチッソ利用効率が高く、礼肥の割合を増やすことで樹勢を強めに維持する効果が認められている。そのため樹勢が低下しやすい「紅秀峰」などは、礼肥の割合を50％程度にすることが望ましい。

礼肥の種類としては、肥料成分をできるだけ速やかに樹体に吸収させるため、燐硝安加里などの速効性の肥料を用いる。施肥後、降雨が期待できないような場合は、灌水を十分に行ない、肥料成分を早めに吸収させる。

なお、地力の低い園地や、強めの樹勢を維持したい園地で、礼肥の施用割合を高める場合は、速効性肥料のほかに肥効が一定期間持続する緩効性肥料を2割程度加えるとよい。また、地力が著しく低い園地では、年間施肥量の20％程度の礼肥では元肥施用までに肥切れをきたし、葉の早期黄化、早期落葉を招くことがある。

そのような園では、礼肥と元肥の間に速効性肥料でつなぎ肥を施用し、元肥まで持続的な養分供給をはかる（表3-4）。

表3-4　成木園における標準的な施肥の目安（山形県）

園地条件		施用量（kg/10a）			時期別施肥割合（％）		
		チッソ	リン酸	カリ	礼肥（収穫直後）	つなぎ肥（8月中旬）	元肥（9月中〜下旬）
畑地	普通畑	15	6	12	20〜50	−	50〜80
	やせ地				20	20	60
砂丘未熟土		20	8	16	40	−	60

③根がしっかり働いているうちに元肥施用

オウトウなどバラ科の落葉果樹は、開花結実、初期の展葉・果実肥大を前年の貯蔵養分に多く依存している。秋季の施肥チッソは根部や樹幹部など養分貯蔵組織に高い割合で分配されるが、元肥は、9月中～下旬に施用し、根が十分に働いている間にしっかり吸収させることが重要である。

なお、オウトウの花芽は落葉期頃まで発達を続けるので、元肥には比較的長い期間、肥効が継続する緩効性肥料が望ましい。

また、オウトウは果実の収穫が終了してから施肥するので、堆肥など有機質資材も投入しやすい。堆肥は、土壌の物理性改善や微生物の活動を活性化させるほか、リン酸やカリといった成分を豊富に含んでいる。

施用する場合はこれらの成分の含量をきちんと考慮する一方、その肥効が現われるまで時間がかかるので、8月下旬に施用する。

（以上、米野）

●山梨県の施肥体系

①礼肥には鶏ふんがお勧め

山形県では収穫直後の7月上～中旬に礼肥を施用するのに対し、暖地の山梨県では6月下旬に礼肥を施し、9月上旬にも追肥する。これは、自発休眠導入前に施用すると二次伸長して、花芽の充実がはかられないためである。

礼肥は、できるだけ早く樹体に吸収させるため、燐硝安加里などの速効性肥料を用いる。施用後に降雨が期待できない場合は灌水を行ない、早めに樹体に吸収させる。さらに、樹勢や土壌条件などにもよるが、礼肥の効果をより高めるために、肥効が一定期間持続する肥料を組み合わせるのは、山形県と同様である。

また、山梨県ではモモやスモモの礼肥に鶏ふんが広く用いられているが、速効性という意味ではオウトウにも適する。鶏ふんの肥料成分率はチッソ4%、リン酸4%、カリ2%（4-4-2）。このうちチッソは、60%が分解の早い尿素態窒素で肥効が早く、9月上旬の追肥に、10aあたり80～150kgを施用している。鶏ふんのチッソ成分のうち残り40%は分解の遅いタンパク質態窒素で、これは元肥と一緒に翌年の生育期頃に効き始める。

ただし鶏ふんは、多量に施用したり、施用時期が遅れたりすると翌年の収穫時期まで肥効が残り、着色不良や糖度低下の原因になる。また臭いがきつく、住宅に隣接す

表3-5　成木における時期別施肥量（kg/10a）
（「山梨県農作物施肥指導基準」より）

施肥時期	チッソ	リン酸	カリ	苦土石灰
6月下旬	3		3	
9月上旬	4	4	2	
10月上旬				80
10月下旬	3	4	2	
（計）	（10）	（8）	（7）	（80）

表3-6　樹齢別施肥量（kg/10a）（「山梨県農作物施肥指導基準」より）

樹齢	チッソ	リン酸	カリ	苦土石灰
1～3	2	2	2	
4～6	6	4	4	40
成木	10	8	7	80

る園では問題になることもある。施用後にできるだけ早く土壌と混ぜ合わせると軽減する。草生園で混和できない場合は、臭気物質の分解が進んだ発酵鶏ふんを用いる。

鶏ふんは安価で、最近では臭いを抑えて扱いやすいペレット化された発酵鶏ふんペレットもある。

②元肥の時期と量

元肥は、根が活動している時期に施し、貯蔵養分を十分に蓄えさせて、翌春の初期生育に対応できるように準備する。山梨県では10月下旬が施用の目安となる（表3-5、表3-6）。

施肥量などは、それぞれの県が示している施肥基準を指標とする。元肥の標準的な施用量は年間施用量の80％程度とするが、樹勢や礼肥の割合に応じて、さらに、園地の土質や樹齢・せん定の程度・着果量など樹の状態を合わせて加減する。

山梨県の農作物施肥指導基準では、成木の場合、成分量でチッソが10aあたり10kg、リン酸8kg、カリ7kgで、さらに苦土石灰が80kgである。時期別の10aあたりの施肥量は、成木のチッソを例に取ると、収穫後の6月下旬の礼肥で3kg、9月上旬の追肥が4kg、元肥となる10月下旬の施肥が3kgで、追肥が主になる。

また、砂質土および高pH土壌ではホウ素欠乏が発生しやすい。そのような園では2～3年に一度、10aあたり2kg程度のホウ砂を施用する。

石灰質肥料を多量に施用すると土壌pHが上昇し、ホウ素の溶解度が低下して欠乏症状が発生しやすい。土壌中のホウ素含量が高い場合でも、土壌が乾燥すると吸収量が低下して欠乏症が発生するので、土壌が乾きすぎないように注意する。

砂土や砂壌土など乾燥しやすい場合は有機物を施用して、土壌水分が保持できるように改善する。

●土壌改良も年内早めに着手

①深耕は地温が高いうちにやっておく

深耕には、堆厩肥など有機物の施用による微量要素を含む総合的な肥料効果、根圏土壌の養水分保持力向上や土壌の団粒化促進といった土壌物理性の改良効果、土壌微生物活性に及ぼす生物性の改良効果などがある。さらに、処理による根群の発達効果もある。

これらは、地温が高いうちに処理を行なうほうがより高い効果が期待できる。一般には元肥を施肥した落葉後に行なうことが多いが、早い時期に処理することで、深耕による根群の損傷が、切断面のカルス化など早期に回復させられ、秋根の再生が早まる。養分吸収が活発になる秋季（10～11月）

写真3-4　オーガを使ったタコツボ深耕

にはしっかり肥料分を吸収し、翌春の初期生育に非常によい栄養条件にすることができる。深耕は地温が高いうちにやっておくほうが有利といえる。

ただし、処理時に、根を長時間空気にさらすことがないよう埋め戻しはなるべく早く行なう。

②有機物の施用効果は深層で発揮される

スピードスプレーヤなどによる農業機械の走行で地表面直下に耕盤ができやすい果樹栽培では、とくに既存園の場合、前述の通り深耕によって土壌改良をはかる。ただし、深耕は断根を伴うことから、次年度の収量への影響も考慮しなければならない。

深耕で、タコツボ状に掘り下げるにはオーガ（63ページ写真3-4）やホールディガーを使用し、溝状の深耕にはバックホーやトレンチャーを使用する。とくに礫の多い園ではバックホーを用いる。

オウトウの主要根群域から見て、深耕の深さはタコツボ、条溝とも50～60cmを標準とする。深耕する位置は、成木では主幹から2m離れた場所を、最初の穴を基準に90度ずつ位置を変えながら実施し、4～6年で幹周りを一周する（図3-5）。

深耕時に投入する土づくりの肥料は、条溝式の場合、幅40cm、深さ60cm、長さ1mあたり苦土石灰1～3kg、熔リン0.5kg、さらに有機質として堆厩肥4～5kgを基準とする。タコツボ式の場合は、1穴あたり苦土石灰400g、熔リン200g、堆厩肥1.6～2kgを基準とする。

なお、下層部（40～100cm）の理化学性が極端に不良な粘土質土壌では、深耕と土壌改良、排水改善（暗渠排水管の埋設）など総合的な対策を講じる。

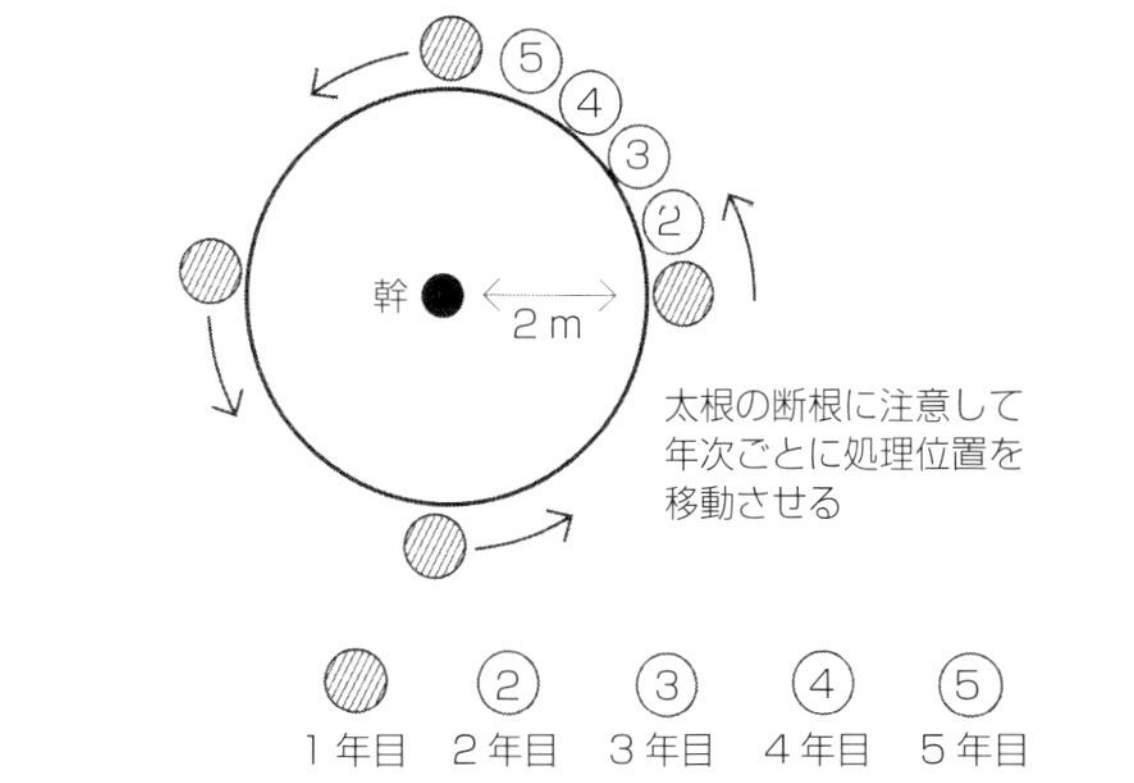

幹
2m
太根の断根に注意して
年次ごとに処理位置を
移動させる
1年目　2年目　3年目　4年目　5年目

図3-5　タコツボ深耕
一樹に対して4～6年で一巡するように穴の位置を移動する
機械があれば、深さ80cmを目標に、最低でも50cmを目安に深耕する

写真3-5　土壌中に、圧縮空気とともに肥料も注入できる自走式の土層改良機「グロースガン」。右が打ち込み部

③圧縮空気を使った深層施肥

大型機械を使った深耕には手間と時間がかかる。「グロースガン」（マックエンジニアリング㈱）は、圧縮空気を送り込んで硬く締まった土壌を軟らかくし、通気性や通水性を改善できる（写真3-5）。同時に深層部への施肥で肥効を上げることもできる。このとき用いる肥料はペレット状のものが扱いやすい。例えば、粒状の土壌改良剤ＳＳボーン（防散タイプ）は使い勝手がよく、効果も高い。

使用時期としては、気温の低下に伴い秋根の伸長期に入る9月上旬以降がよい。この時期に空気を注入して根域の条件を整え、追肥の吸収効率を高めてやる。

なお、グロースガンを使用すると土壌の通気性が向上するので、処理後の乾燥に注意する。また、肥料や土壌改良材を施用するときは使用中の詰まりに注意し、土壌が硬い場合は一度軽く打ち込み、二度目で深層まで打ち込む。

④有機物の積極施用

有機物はどの程度施せばよいのか？　1年間の腐植の消耗量は土質によって差はあるが、およそ300kg程度である。水分などを考慮して、連年施用であれば有機物は1t余り投入すればよい。ただ、有機物をマルチのように表面施用すると、稲ワラのようなものだと毎年でも、表層の5cmほどしか十分な量の腐植を供給できない。10cmの深さでは不足した状態となり、こうなると、根は徐々に浅いところへ上がってきて、干ばつ害を受けやすくなったり、少量のチッソが効いてしまう弊害が生じる。

地表面に敷く量の、少なくとも半分は深い土層に入れないと根は深くまで張らない。春から夏にかけてマルチとして利用した有機物は、秋になったら先述したタコツボなどを掘って深層に入れてやる。タコツボを掘って入れた有機物の効果は5～6年あるので、幹周りのタコツボの位置を少しずつ変えてやればよい。

タコツボ深耕によって土壌中に新しく孔隙が増し、通気、水分や養分の流れが良好となるので、タコツボに向かって根の伸長は旺盛になる。

●草生管理のポイント

現在多く見られる草生栽培は、雑草草生である。ただ、最初から雑草草生にするのではなく、牧草の播種から雑草草生へ移行するのが一般的である。播種時期は、雑草に負けずに生育を揃えるためには9月上旬がもっともよい。播種の10日前くらいから耕起して雑草を抑えた後、播種する。いずれの草種も播種翌年の生育は鈍いので、高刈りして保護する。

草種は、有機物補給の点ではペレニアルライグラスやラジノクローバーなどが優れる。一方、乾物重はやや少ないが、ケンタッキーブルーグラスは管理が容易である。いずれの牧草とも播種後5～6年で草量が落ちてきたら、ふたたび中耕して播種する（66ページ表3-7）。

草生栽培で不耕起の期間が長くなると表層に根が集中する。年に一度は中耕して地表面近くに集まった根の改善をはかる。

乾燥防止のために樹冠下に稲ワラなどでマルチすることがある。厚さ10cm程度（4kg/m²）にワラを敷いているが、草生栽培

表３-７　草生栽培に利用される草種と特性（「山梨県農作物施肥指導基準」を一部改変）

種類		草丈	生産量	永続性	主目的	備考
（イネ科）	ライムギ	高	多	1年生	土壌改良 有機物の供給	・刈り取りを遅らせ、生産量を確保する ・夏前から雑草草生に移行する
	エンバク	高	多	1年生		
	オーチャードグラス	高	中〜多	多年生	土壌改良 有機物の供給	・生産量の期待できる牧草種
	イタリアンライグラス	高	中〜多	1年生		
	ペレニアルライグラス	中	中	短年生	刈り取り軽減 景観形成 雑草抑制	・永続性、景観形成が期待できる牧草種 ・表層に草の根が集中する傾向があるため、５年前後で深耕、更新する
	トールフェスク	中	中	多年生		
	ケンタッキーブルーグラス	低	少	多年生		
（マメ科）	ラジノクローバー	低	中	短〜多年生	地力増進 雑草抑制 刈り取り軽減	・開花期のスリップス類、生育期間を通しての害虫の発生に注意する ・ほふく茎が脚立に巻きつき、作業性が低下することがある
	ヘアリーベッチ	中	多	1年生		
雑草		低〜中	中〜多	1〜多年生	土壌改良	・害虫の発生に注意する ・スギナ等、難防除雑草の優占に注意する

注）草丈：低（30㎝以下）、中（30〜50㎝）、高（50㎝以上）
　　生産量（地上乾物重・年間 kg／10a）：少（400㎏以下）、中（400〜600㎏）、多（600㎏以上）

写真３-６　雑草草生の園地
（48年生「佐藤錦」、着色始期の頃、山形県農総研セ・園芸農業研究所内）

の場合、樹間部から刈り取った草を樹冠下に敷けばよい。ただし、樹幹周囲のマルチを長年続けると次第に浅根になる傾向がある。樹幹周囲のマルチは２〜３年でやめ、それ以降は深耕で、根域が表層から深層へと拡大していくように管理すると乾燥に強くなる。

（以上、富田）

実際編

第4章 12〜3月——休眠期の作業

冬季せん定と樹形改造、摘芽、雪害対策ほか

1 せん定の必要性

オウトウの若木は枝の生長が旺盛で、枝の先端より3〜4の葉芽が発育する（写真4-1）。このため発育枝は旺盛に伸びやすく、樹は直立性を示す。しかし、樹齢が進むと下枝は次第に開張する性質がある。樹を無せん定の状態にしておくと、枝梢の発育が整然としているので自然に円錐形に近い樹形を形成する（写真4-2）が、次第に樹冠内部で懐枝や小枝が密生し、光の透過が制限されるようになる。

その結果、下枝がはげ上がり、樹高が高くなって作業性が低下する。さらに下枝では健全な花束状短果枝が形成されないので結実量が減り、果実品質も不良になる。結果部位も樹冠の外周へと移行する。

また樹が生産性のピークを迎える成木期を過ぎると、花束状短果枝が着生しやすくなることで着果過多となりやすく、果実の肥大や着色、糖度など品質の低下は免れない。かといって、オウトウはリンゴやナシで行なわれている摘花や摘果はなかなか難しい。

花数や着果量の調節の役目を担う観点からも、オウトウではせん定が必要となる。

写真4-1　オウトウの生育の特徴
先端に近い3〜4の葉芽がシューッと伸びる

写真4-2　無せん定樹の樹姿
枝梢の発育が整然としているので自然に円錐形に近い樹形を形成するが、次第に樹冠内部が込んでくる

❷ 整枝せん定の実際

●せん定前に樹勢診断

発育枝（1年枝）は、枝の長さにもよるが、基部に3～4の花芽が密につき、さらに間隔をあけて数個の花芽がつく。それより先の芽は頂芽まですべて葉芽となる（18ページ図序‐2）。

樹勢によって枝の生育は異なり、樹勢がとくに強い場合は、無せん定の状態でも先端部から新梢が多く発生し、花芽がまったく形成されないこともある。樹勢が強く、新梢伸長が旺盛な枝では、花芽は形成されるものの花束状短果枝に着生する花芽の数が少ない。また花が咲いても結実は少なく、裂果も発生しやすい。

樹勢が適当な場合は、側枝や2年枝などから20～30cm程度の新梢が2～3本発生し、発育枝基部や花束状短果枝にも充実した花芽が形成され、結実も安定する。

樹勢が弱い場合は、わずかに枝の先端が伸びるか、先端まで花束状短果枝となる。

これらを指標にせん定程度やその評価を判断するとよい。

では、以下に具体的なせん定について見ていこう。

写真4－3　横幅の広い花束状短果枝
左上の花束状短果枝のほうが結実は安定する

●結果枝・側枝をコントロールする

①幅が広く大きい花束状短果枝

休眠期の花束状短果枝の横幅が広いほど結実が安定し（写真4‐3）、果実品質は高くなる。したがって、幅が広く大きい花

図4－1　開心自然形成木のせん定（ほぼ適正な樹勢）
（図は山形県の「おうとう振興指標」より引用し、山梨県の樹相診断基準に基づき一部改変した）

・①は、ほぼ垂直に立っている。
　延長枝より強くなりそうなので間引く。
・②は、ゆるやかに斜立している。
　数年後に間引きする。②－1を残すと②が太るので間引く。
・③は、水平に伸びており、そのまま。
・④は、前年の太い枝の間引き跡から新梢が発生。弱く方向のよいものを数本残す。
・⑤は、先が弱っているので、⑤－1と⑤－2を間引く。
・⑥も先が弱いので、⑥－1を間引く。

束状短果枝が安定して着生する樹相を目指したい。側枝は枝齢を経るほど、また全長が長いほど、次第に結果部位がまばらになるとともに、花束状短果枝も小さくなりがちである。大きい花束状短果枝を着生させるために適宜切り戻しなどを行ない、活力ある側枝を維持することが大切である。

②太枝と側枝のバランス維持

主枝・亜主枝に側枝を形成していくと、それら太枝の基部が次第に強くなり先端は弱ってくる。主枝・亜主枝に対して大きすぎる側枝や込み合っている側枝は間引き、樹勢が落ち着いたら徐々に基部の強い側枝を取り除き、先端を強く保つ。樹全体の側枝が適度な勢力・大きさになるように管理する（図4-1）。

主枝につける側枝や結果枝は、分岐の少ないなるべく単純な形とし、長短さまざまな大きさの枝を取り混ぜて配置する（図4-2）。斜立した強い側枝は大きくなりやすいので、分岐を少なくする（枝数を減らす）か一本棒にして維持する（図4-3）。

側枝は先端から新梢が毎年2～3本発生し、その長さが20～30cm程度になる勢力が望ましいが、それよりも生育が旺盛なときは弱めの間引きせん定を中心に行ない、樹勢が落ち着いてから形を整える。先端まで花束状短果枝がつくような弱い枝は、充実のよい花束状短果枝まで切り返す。

以上のようにして、側枝の長さは1.5～2mを目安に維持する。

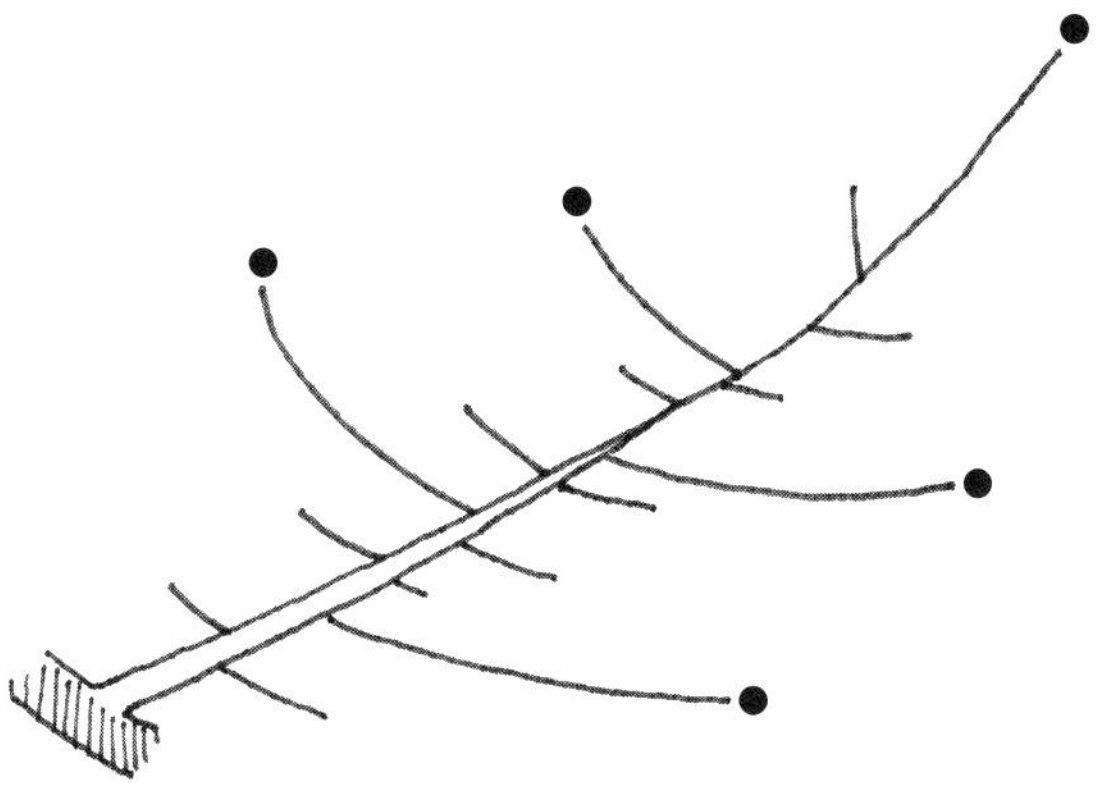

図4-2　側枝は大～小の枝を混ぜて配置する
●は大きめの側枝の配置を示す。その間に中小の側枝を配置することで、より多くの結果枝を置くことが可能となる

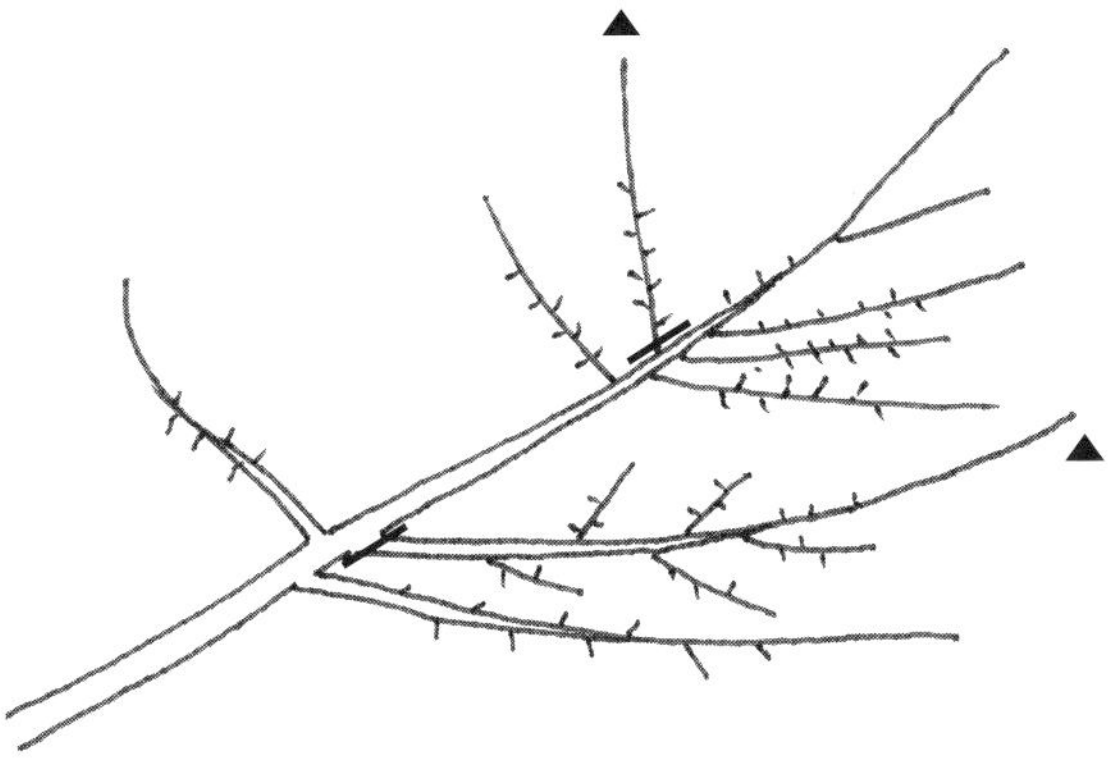

図4-3　側枝のせん定
斜立して大きい側枝（▲）はバランスを乱すので間引く

●発育枝から結果枝を導く

新梢伸長が旺盛な枝では花芽が形成されないことや、形成されても花束状短果枝に着生する花芽の数は少ない。この場合、発育枝はせん定せずにそのまま維持し、葉芽から花束状短果枝を形成する。強い発育枝については2年では十分な花束状短果枝にならないので、複数年そのまま置くこともある。発育枝が強く長い場合は、花束状短果枝が着生した後、適当な長さで切り戻して結果部位を形成する。

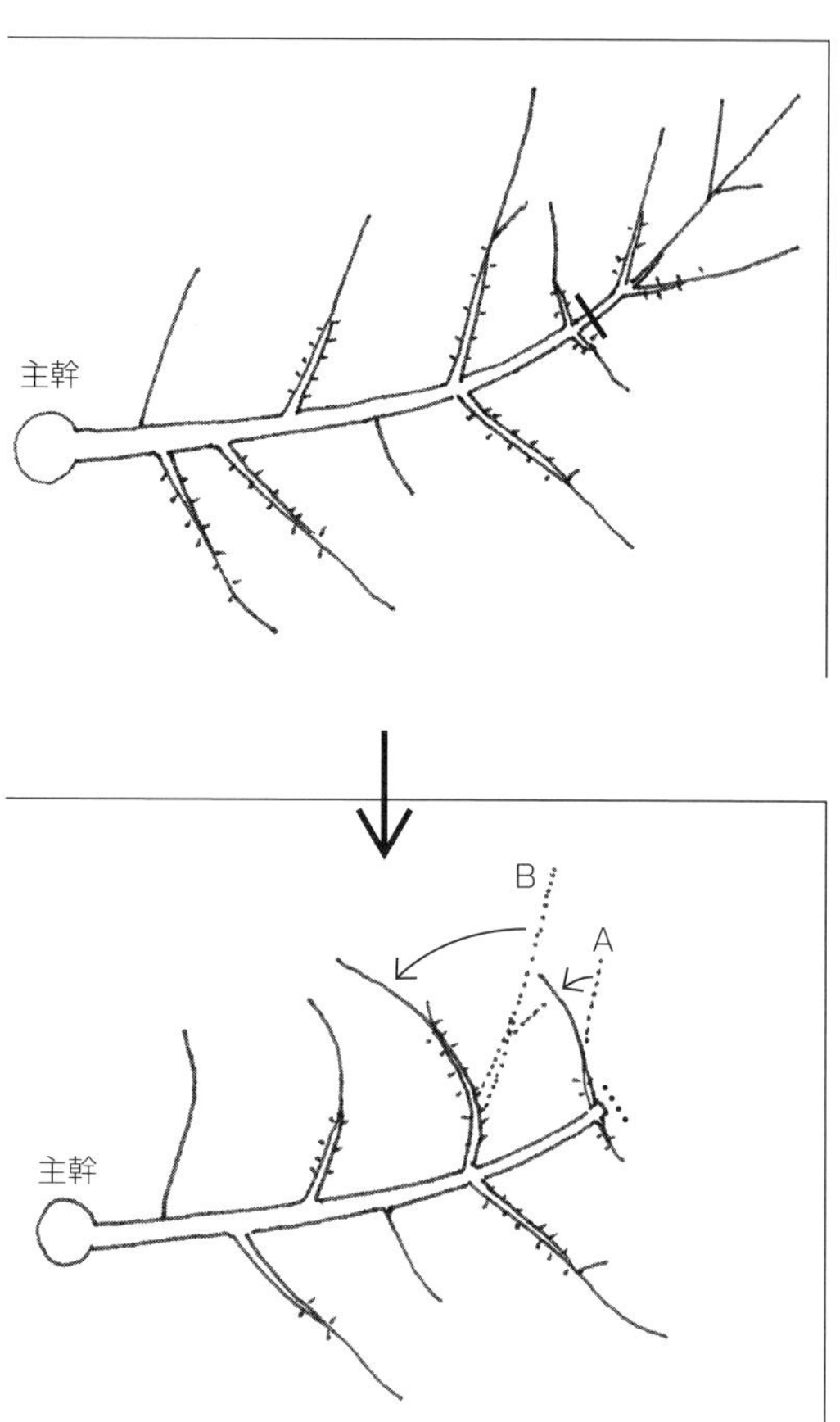

図4-4　雨よけハウス内に収めるせん定と誘引
反発の少ない落ち着いた枝の位置で切り、斜立した枝（A）や強めの枝（B）はフトコロ側に返し、先端の勢力を両側に分散させてハウス内に収める

●仕上げに耕種的防除を忘れずに

せん定の仕上げとして枯死した花束状短果枝などを残らずせん除し、せん定の切り口には癒合剤のトップジンMペーストまたはバッチレートを原液で塗布する。また、枯れた芽やミイラ化した果実、果梗を取り除く。このひと手間が、灰星病や灰色かび病、炭そ病などの伝染源を減らす重要な耕種的防除となる。

さらに樹脂細菌病による枯死枝を見つけたら必ず切り取り、処分する。

●整枝せん定を補う誘引も

冬季せん定時は時間の余裕もあり、樹の骨格もよく見える。枝を引っ張って空間を埋めたり、直立した枝を下げて成り枝を養成したりする誘引には絶好の機会といえる（図4-4）。

しかし、落葉後は枝に粘りがなく、しなやかでもない。無理な誘引をすると、折れたり、裂けたりしやすい。そこで、枝の欠損が心配されるような強い誘引は、枝が水を揚げて、少しでもしなやかになってから行ない、冬のせん定時は無理のない範囲で積極的に行なう。なお、誘引作業は枝の重なりを見て、着色前にも行なうとよい。生育期はカルスの乗りもよいので、軽微な折れや裂け傷は容易に回復する。

●幼木はなるべく切らず、若木は主枝候補枝育成を中心に

幼木・若木のこの時期の扱いとしては、主枝候補枝に対して、その延長枝より強くなりそうな枝を間引き、その他の枝はできるだけ残して花束状短果枝を着生させ、樹を落ち着かせることを主眼に管理する。

主枝候補枝に側枝を形成する段階になると、やがて基部が強くなり先端が弱ってくる。そこで、樹勢が落ち着いてきたら徐々に基部の強い側枝を取り除き、先端の勢力を強く保つ。

幼木や若木のうちは、必要以外の枝はなるべく切らず、主枝候補枝の育成に努める。

（以上、富田）

3 摘芽の狙いと実際

●摘果労力の軽減、樹勢の維持・回復

オウトウは、リンゴやナシなどに比べると結実が安定しない。しかし、樹勢が適正で、防霜対策や結実確保対策をきちんと実施している園では毎年安定して着果し、開花期の天候が良好だと適正数の2〜3倍の着果となってしまうこともある。着果が多いと果実品質が劣り、高単価を得られなくなる。高品質果実を生産するには、果実黄化期に入るまでに適正着果数に調整する必要がある。

オウトウの結実は、満開14〜18日後にようやく判明する。このため、摘果で着果管理できる期間はおおむね2週間程度となる。一般的な成木1樹あたりの摘果時間は8時間程度必要で、経営面積が大きい生産者の場合、摘果のみでは着果制限が困難である。そこで、毎年結実が安定している園地では、比較的労力に余裕のある時期に花芽を摘み取る「摘芽」を実施すると、摘果にかかる労力を大幅に軽減できる。蕾をなくすより、芽をかき取るほうが効率的である。

また、摘芽で花芽を少なくすることで、開花に要する貯蔵養分の消費が減らせる。樹勢の維持がはかられ、摘芽の程度を強めることで樹勢回復効果も期待できる。

●摘芽の実際

①時期と方法

摘芽はせん定後から開始するが、時期が遅れると花芽がとれにくく作業効率が劣る。そのため発芽2週間後頃までには終わらせる。あまり早く始めても芽が小さく作業効率はよくないが、一般的な成木1樹にかかる摘芽時間は3〜4時間程度なので、経営面積に合わせて計画的に進めたい。

摘芽は樹全体で実施し、花束状短果枝基部の小さい花芽を摘み取り、先端部の大きな花芽は残すのが基本である。

また、摘芽で花数は減少するので、訪花昆虫の導入や人工受粉など結実確保の対策、防霜対策を徹底する。受粉樹が不足している園地や、冬期間の凍害により花芽の枯死が多く見られる園では摘芽を行なわないようにする。

②摘芽程度

佐藤錦　摘芽後に残す花芽数は花束状短果枝あたり3〜4芽とし、樹勢や受粉樹からの距離を考慮して調整する。樹勢が極端に

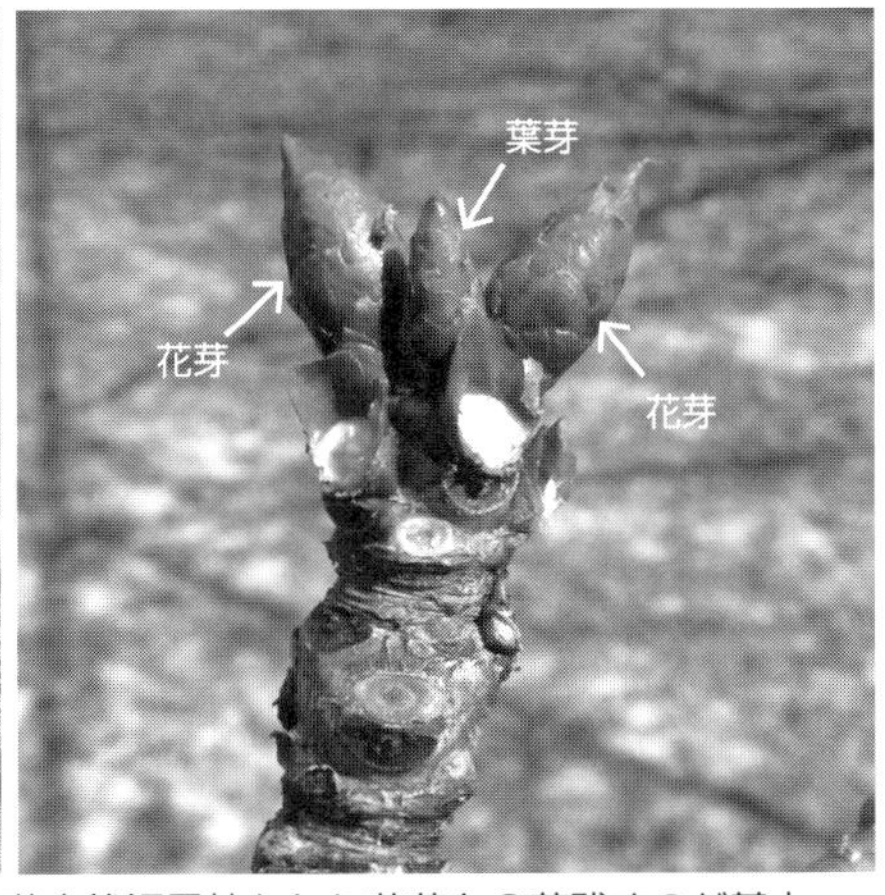

写真4-4　「紅秀峰」の摘芽は1花束状短果枝あたり花芽を2芽残すのが基本
（左：摘芽前、右：摘芽後）

強い樹は摘芽することで樹勢がさらに強くなり、結実や果実品質に悪影響を及ぼしかねないので、摘芽は実施しない。

紅秀峰　摘芽後に残す花芽数は、花束状短果枝あたり2芽が基本だが、「紅秀峰」はもっとも結実しやすい品種の一つなので、樹勢が強い場合でも残す花芽をやや多めにする（3芽程度）などして必ず摘芽は実施する。なお、アオバザクラ台樹は樹勢が弱りやすいので、樹勢が弱い場合は残す花芽数を1芽とし、樹勢の回復をはかる。それぞれ樹勢を見ながら摘芽程度は調整する（71ページ写真4-4）。

4 雪害・野ソ対策、休眠期防除

●雪害対策

①枝折れより裂ける被害が多い

雪害には、主枝など大きな枝に積もった雪の重さで枝が折れる場合と、雪が溶ける際に発生する沈降力によって、埋もれた枝が引っ張られて折損する場合がある。枝が比較的柔らかいオウトウ樹では、後者のケースがずっと多く、枝の途中から折れる被害より、主幹と枝の分岐部に亀裂が入る裂開が多い。

そこで、枝が雪に埋もれたら雪が固まる前に掘り上げるか、枝の両脇にスコップなどで切れ目を入れ、雪が沈降する際に枝が引っ張られないようにする。この際、融雪剤を散布しておくと雪がザラメ化して沈降力が弱まるので、併用するとよい。

ただし、厳冬期は樹冠に積もった雪が溶けずに固まり、そこに新たな雪がどんどん積もって枝が折れる場合もある。固まる前に枝の雪を払い落として、枝折れを予防する。

②最大積雪深の半分より高い位置から主枝候補枝をとる

雪害は、最大積雪深の1/2程度の高さより低い位置から発出した枝で発生しやすい。雪害を受けにくくするには、主枝候補枝をそれより高い位置から求め、最大積雪時でも枝先端部が雪面より上に出ているようにする。

③ハウスや少雪地帯も要注意

オウトウは、樹体だけでなく、雨よけ施設にも雪害が発生する。とくに連棟の施設は、雨樋に雪がたまりやすく、谷部から倒壊する例が多い。降雪が続く場合は雨樋の雪をこまめに落とすようにする。さらに、谷部に支柱が設置されていない雨よけ施設では、支柱を追加するなど、十分な補強対策を講じる。

また、もともと積雪の多い地域だけでなく、例年それほど雪が積もらない地域でも、予期せぬ大雪に見舞われることがある。苗木や幼木は側枝をしっかり結束し、多雪地帯ではその上から寒冷紗など通気性のよい資材を巻いて、樹に雪が積もりにくくする。成木では、裂開の危険がある太枝（主枝、主枝候補枝など）はあらかじめ支柱を立てておく。

●野ソの食害対策

①メインはハタネズミ

果樹園で被害を及ぼすネズミはおもにハタネズミで、オウトウで多いアオバザクラ台木は被害を受けやすい。食害された樹は樹勢が低下し、枯死に至る場合もある。単一の手段だけで被害を防ぐことは難しいので、野ソの密度を上げない対策と食害を防止する対策とを組み合わせ、総合的に実施する必要がある。

②生息密度を下げるには

野ソ対策としてまず重要なのが、園地内の生息密度を上げないことである。

野ソの繁殖期は4～6月と9～10月の年2回で、各繁殖期に3～4回、1回に3～6匹ずつ出産する。通常1haに10匹程度生息していると推測されているが、異常発生した場合はその10倍以上に増殖し、甚大な被害が発生する。

園内に雑草が繁茂していたり、廃棄資材やせん定枝が放置されたりしていると、そこは絶好の隠れ場所（営巣の場所）となる。園地の除草をこまめに行ない、不要なものも放置しないようにして、野ソが繁殖しにくい園地環境を整えておく。

生息密度を上げないためには、殺ソ剤や捕殺器を用いた駆除も必要である。殺ソ剤には、小袋に入ったものや粒状のもの、穀類や果実、イモ類などにまぶして使用する粉末剤がある。

いずれも野ソの穴に投入して摂食させるが、タバコ、化粧、香水など人工的な臭いを強く警戒するので、毒餌の調整や穴に投入する際は薄手のゴム手袋などを着用する。

野ソの忌避剤として登録されているイソプロチオラン粒剤（商品名：フジワン粒剤）を、殺ソ剤と併せて使用するとより効果的である。

③一斗缶や塩ビパイプを使った手づくり捕殺器

一般的なバネ式の捕殺器を利用する場合、果樹用コンテナをかぶせるなど、物陰をつくると野ソがかかりやすい。

捕殺器を手づくりしてもよい。半分程度水を入れ、米ヌカを浮かべた一斗缶を土中に埋め、溺死させる方法、直径7～8㎝の塩ビ管を土中に埋め、やはりその中に米ヌカなどを入れて誘殺する方法がある（図4-5）。いずれも、設置した場所の入り口を

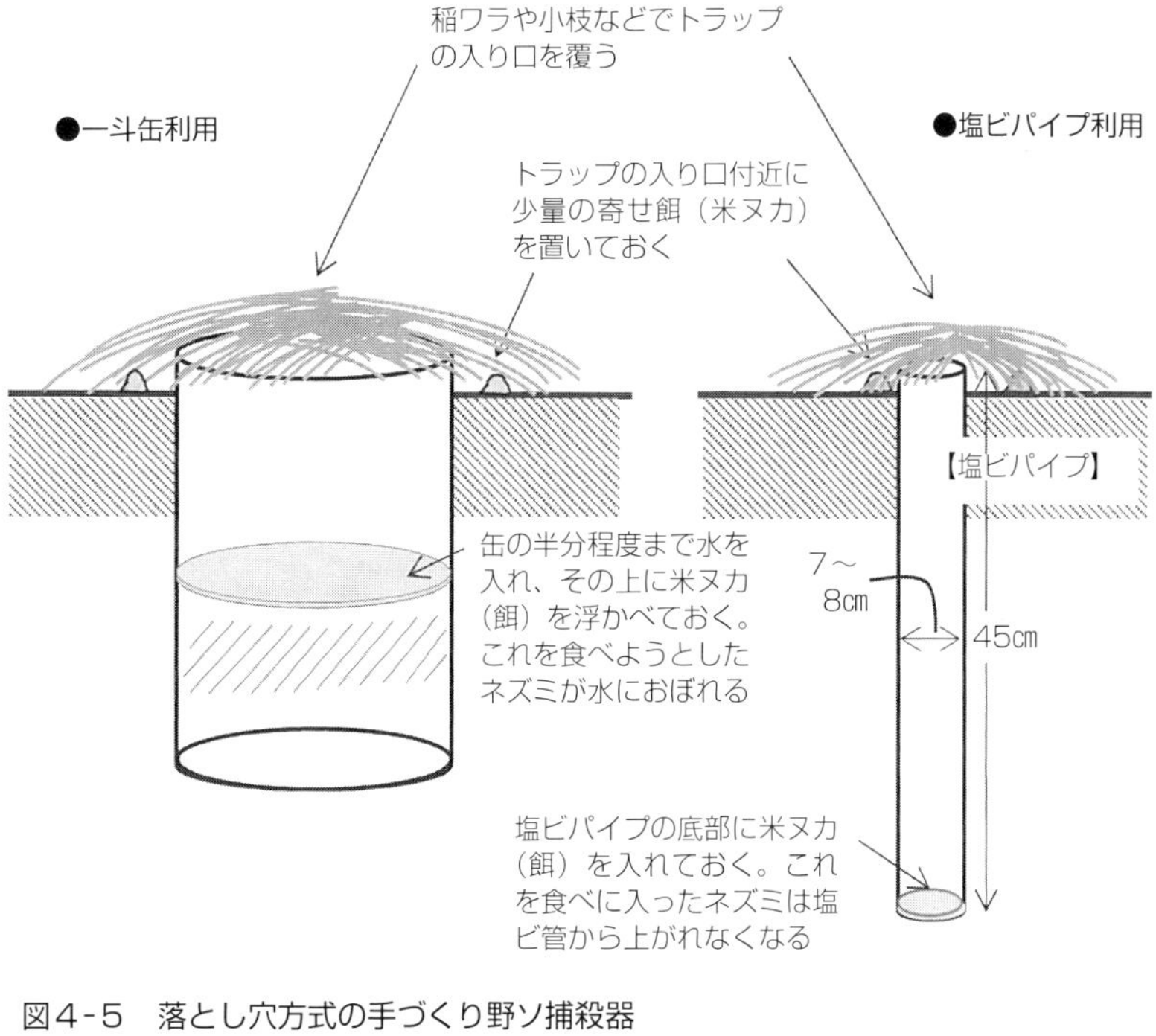

図4-5　落とし穴方式の手づくり野ソ捕殺器

稲ワラや小枝で覆い、さらに果樹用コンテナをかぶせておくと入りやすくなる。

④野ソ被害の対策
——効果的な「いかだ接ぎ」

野ソに主幹部を食害されても、幹の半周程度であれば被害部に癒合剤を塗っておく程度で十分である。しかしそれ以上の被害を受けた場合は、「橋接ぎ」や「寄せ接ぎ」（図4-6①）あるいは「いかだ接ぎ」（図4-6②）によって食害部より上部への養水分の通り道をつくり、枯死を防ぐ。食害の幅にもよるが、これらの処置は上手に行なえば、仮に幹を一周全部食害されても助かる可能性がある。なかでも「いかだ接ぎ」は技術的にも容易で、食害を受けた場合はぜひ試したい。

●休眠期防除
——基本は石灰硫黄合剤の散布

休眠期防除は、樹上で越冬するさまざまな病害虫の密度を低下させる目的で実施する。この防除がしっかりできれば、その後の病害虫の発生を予防できる。

この時期の薬剤はおもに石灰硫黄合剤とマシン油乳剤である。なかでも石灰硫黄合剤は、多発すると発生を抑えにくくなるハダニ類や、天候次第で多発し、商品果率を大きく低下させる灰星病、近年増加傾向のカイガラムシや炭そ病といった広範囲な病害虫に有効である。

ハダニ類やカイガラムシ類の発生が多い園では、マシン油乳剤も散布するとよい。

休眠期防除は樹上で越冬する病害虫を対象とするので、すべての枝に満遍なく薬剤がかかるようにする。風のない暖かい日に、手散布であれば枝一本一本を洗うように、スピードスプレーヤであればかけムラがないよう丁寧に散布する。

（以上、米野）

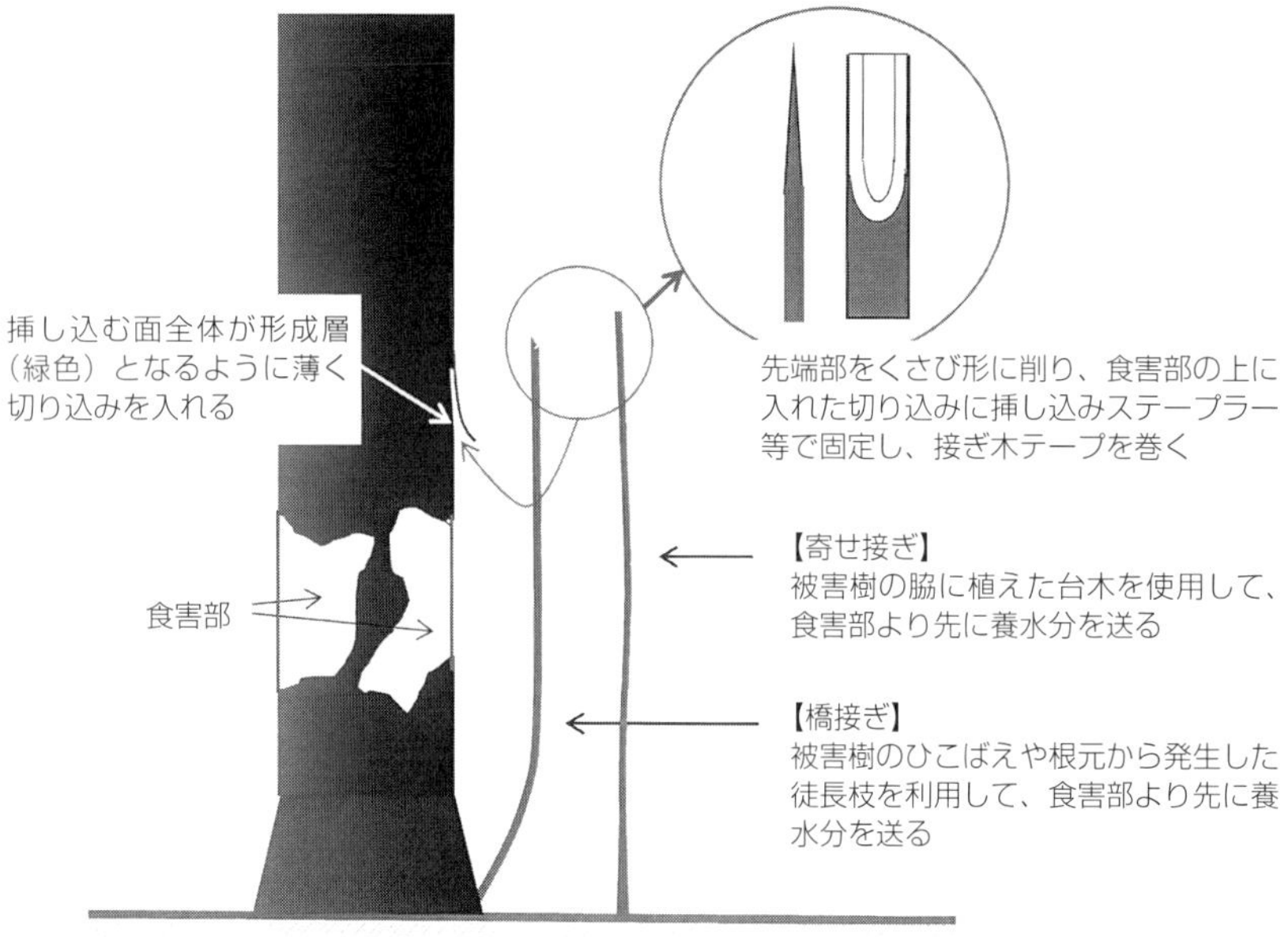

図4-6①　橋接ぎ、寄せ接ぎのやり方

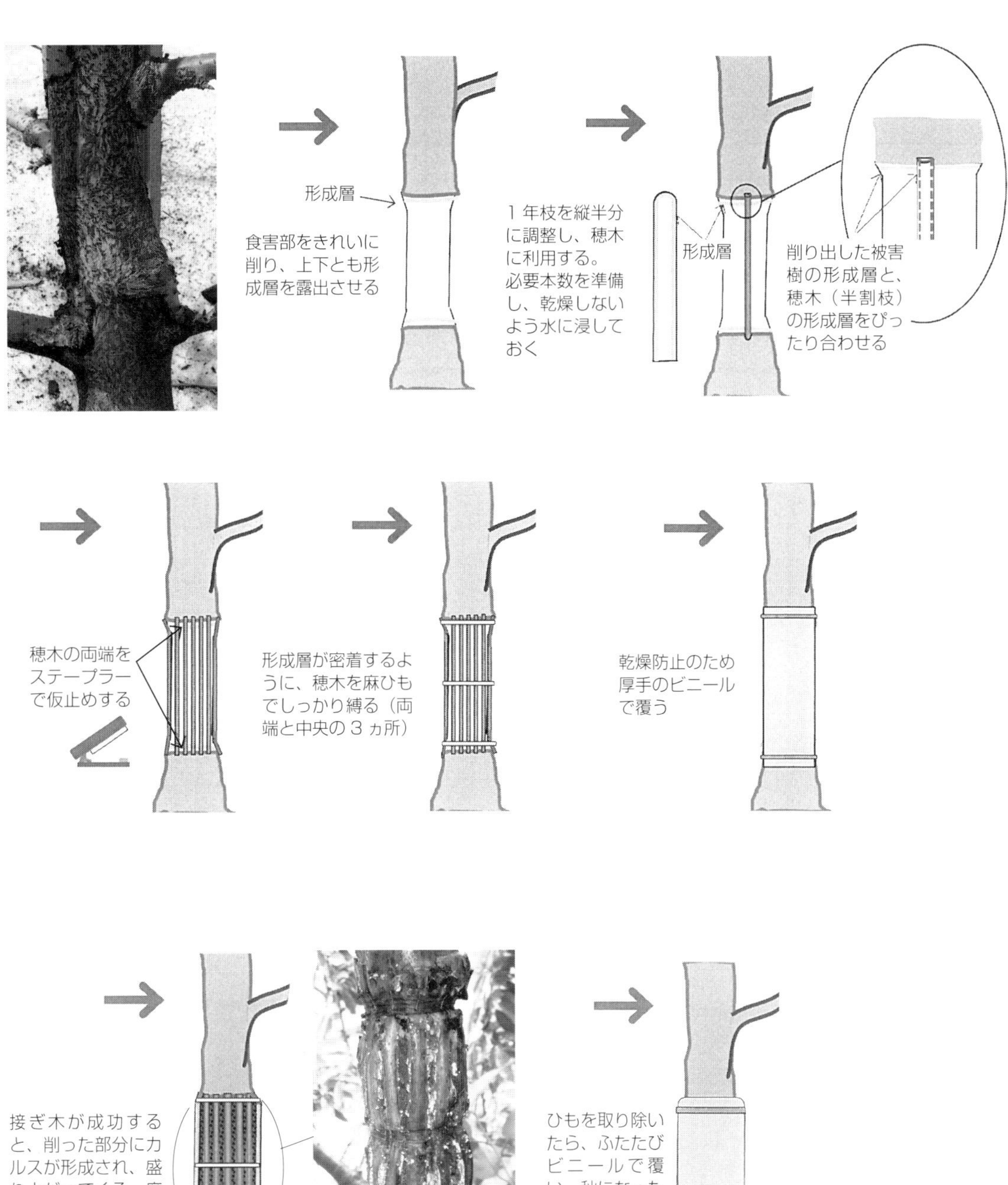

図4-6②　いかだ接ぎのやり方
上手に行なえば、仮に幹を一周全部食害されても助かる可能性がある

実際編

第5章

3〜4月——発芽・開花結実期の作業

結実確保、人工受粉ほか

1 発芽の条件

自然状態で自発休眠（自然休眠）が打破されるには、一定期間7.2℃以下の低温に遭遇する必要がある。この積算温度を低温要求量というが、暖地および寒冷地問わずおおむね1500時間前後とされ、山形県では1月中〜下旬、山梨県でも1月下旬には満たされ、露地条件では、低温不足で発芽が遅れることはない。

芽の休眠に伴う枝梢や芽の中の全糖含量やデンプン含量について見ると、休眠覚醒が進むにつれてデンプン含量は糖に分解され急減する。さらに、根が圧力をかけて水を樹体内に押し上げる力が強まり、生育が進む状態となる。

りん片が割れて中の蕾が出現する発芽の早晩には気温が大きく影響する。またこの前後の土壌水分量も影響し、降雨があり温度が高いと発芽は早まる。

発芽期の遅速は、開花結実などその後の重要な生育ポイントとかかわってくる。発芽期をよく把握しながら凍霜害対策などの作業を計画し、実施するようにしたい。

2 開花と結実確保の処理

●開花を左右する条件

1個の花芽の中に形成されている小花数は、「佐藤錦」や「紅秀峰」では3個が多い（写真5-1）。以前に詳しく調査した結果でも、「ナポレオン」では3個のものが多く、次

写真5-1　一つの花芽の中にある小花数は、樹勢が中庸であれば3個のものが多い

いで4個、2個のものも認められている。

発芽から開花までおよそ30日である。その開花を左右する外的要因のうち気象条件、なかでも気温が重要で、開花前の一定期間の積算温度や平均気温が開花の早晩に結びつく。また満開日から逆算して40日くらい前の平均気温（または最高気温）が高いほど開花は早まるといわれている。

オウトウの開花時の平均気温は11・4～11・8℃で、おもな産地における開花日は、山形県が4月下旬、青森県が5月中旬、北海道が5月中～下旬、山梨県が4月上～中旬である。

●開花の揃いと受精能力

品種による差は若干あるが、開花から満開までは5～7日ほどである。しかし、開花期が低温で推移するとその期間は長くなり、10日以上になる場合もある。

また開花してから雌ずいの受精能力がある期間は3日程度である。開花期間が長い場合、初めに咲いた花が受粉して結実すると、大きな幼果は同化産物（養分）を引きつける力（シンク強度）が強いぶん、生育の遅れた幼果は養分競合で胚の発育停止や養分不足をおこして生理落果しやすくなる。

●開花前にホウ素を葉面散布、受精期間を延長

果樹の受精や結実にはホウ素が重要な役割をもっている。オウトウでも、花粉の発芽培地にホウ素を添加すると、花粉発芽率や花粉管の伸長量は著しく増加する。

また、ホウ素の処理で胚珠の寿命が延長し、花柱（雌しべ）内における花粉管伸長が促進されることも最近の研究で明らかになっている。

近年は温暖化の影響で、とくに甲信地方以西で開花期の気温が25℃を超えることが頻繁にある。オウトウの胚珠はホウ素が不足すると高温の影響をより強く受け、退化が早まる。

ホウ素が欠乏すると、展葉した葉の葉脈間に白いクロロシスが発生する。また花芽の着生が悪く、開花しても結実不良に、そして果実肥大期頃から果実に黒点を生じ、胚が退化してシイナになる（１２０ページ写真８-９参照）。こうしたホウ素欠乏の様子が見られたら、開花直前から開花2分咲きを目安に、「マルポロン」（水溶性ホウ素剤）３０００倍（１００ℓに33ｇ）を10ａあたり２００～３００ℓ散布する。

なお、土壌診断でホウ素含量が不足している園は2～3年に一度、10ａあたり2～3㎏程度のホウ砂、もしくは「ＦＴＥ」（微量要素肥料）を6～8㎏程度施し、よく吸収できるように十分灌水する（１２０ページ表８-８参照）。

●開花前の灌水で結実率を高める

2月に入ると蕾は急激に肥大し、花器の準備も最終段階となる。乾燥状態が続くと花粉形成やその後の花粉の充実に大きく影響する。乾燥するようなら、結実確保にこの時期（3～4月）の灌水が大切で、10㎜程度（10ａあたり10ｔ）の灌水を7～10日間隔で行なう。

開花期も樹が水を必要とする。開花期に気温が上がり湿度が下がると、柱頭が乾燥

表5-1　オウトウ「佐藤錦」の低温処理と雌ずい褐変率（山形農総研セ園試、1997）

項目＼月日	雌ずい褐変率（%）										
	3/29（発芽）	3/31	4/5	4/10	4/14	4/20	4/23（展葉）	4/26（開花始め）	4/29（満開）	5/2	5/5
処理温度と時間　-5℃　5hr		8.3	38.0	47.1	60.6	−	−	−	−	−	−
-5℃　3hr		7.4	14.5	47.3	61.7	−	−	−	−	−	−
-5℃　1hr		6.9	10.8	38.0	41.4	98.4	77.5	−	−	−	90.6
-3℃　5hr		1.0	7.8	20.9	43.1	96.3	−	−	−	−	99.2
-3℃　3hr		1.6	1.7	5.1	18.8	75.1	80.0	−	−	−	84.5
-3℃　1hr		1.3	1.9	14.2	15.0	55.3	47.4	−	−	−	14.3
-1℃　5hr		3.0	2.1	1.1	1.6	−	9.0	−	−	−	0.6
-1℃　3hr		2.1	1.7	0.2	1.4	0.2	14.7	−	−	−	−
-1℃　1hr		1.3	4.3	1.1	0.4	−	0.8	−	−	−	−
対照		5.8	0.5	0.2	3.2	0.0	0.0	−	−	−	−
花芽横径（mm）		4.1	4.4	5.4	5.6	7.6	−	−	−	−	−
雌ずい長（mm）		1.5	1.8	2.6	3.2	5.2	7.4	11.1	15.5	16.9	

しやすくなる。すると、花粉の付着が悪くなる。気温が高いときや土壌が乾燥しているときは、受粉前に20mm程度の灌水を行なう。

また、開花期に圃場が乾燥すると凍霜害の被害も受けやすくなる。2週間以上降雨がない場合は、10mm程度の灌水を行なう。春先は、養分吸収と樹体内の水分確保のために定期的な灌水が必要である（テンシオメータで測定している場合、pF値が1.8になったら灌水する）。

（以上、富田）

-2℃冷却区
-3℃冷却区
褐変率（%）
100
80
60
40
20
0
<3mm　3mm〜　5mm〜　7mm〜　9mm〜　11mm〜

図5-1　雌ずい長別の褐変率（山形農総研セ園試、2002）

写真5-2
発蕾期（雌ずい長5〜7mm）の花束状短果枝
この時期に低温に遭遇すると、雌ずいの障害発生率が高まる

3 防霜対策

●霜害の危険時期

オウトウは、生育が停止している休眠期であればマイナス10℃の低温にも耐えるこ

とができるが、雌ずいが伸び始める頃から抵抗力が弱まり、凍害や霜害を受けやすくなる。

気温の下がり具合にもよるが、発芽1週間後にはマイナス5℃程度の低温、発芽10日後にはマイナス3℃程度の低温に遭遇することで雌ずいの褐変率（低温障害発生率）が高まる（表5-1）。

プログラムフリーザーを使って段階的に冷却し、マイナス2℃あるいはマイナス3℃に2時間遭遇させた場合の雌ずいの褐変率を、長さ別に調査したところ、雌ずい長が5～7㎜の発蕾期でもっとも高まる（図5-1、写真5-2）。

小花の蕾が完全に露出した後に霜害を受けた場合、雌ずいは褐変するが雄ずい（葯）はほとんど健全なままである。しかし、発蕾期に霜害を受けると、雌ずいだけでなく葯も褐変してしまう場合が多い。主力品種が雌ずいの被害で結実確保が難しくなったところへ、受粉樹の葯が被害を受けると花粉量が著しく減少し、さらに結実を悪くする。この時期（山形県では4月上～中旬）の降霜にはとくに注意が必要である。

●防霜対策の実際

近年春先の気温が従来より高めに経過している影響でオウトウ樹の生育も前進し、早い時期の降霜でも被害を受けやすくなっている。また、これまでほとんど霜害に遭わなかった地域で被害が発生する場合も見られるなど、霜対策の重要性はより増してきている。

防霜対策には、「燃焼法」、「防霜ファン」、「温風式暖房機」、「散水氷結法」などがあり、園地の立地条件や各経営体の事情に合わせてそれぞれ選択する。

①燃焼法

園内で資材を燃焼し、その熱で霜害を防止する。半切りの一斗缶やミルク缶など不燃性の容器で、灯油や油脂を燃焼させるのが一般的である。自分でもつくれるが、さまざまな資材も市販されている。いずれにせよ資材の火力により必要数が異なるので、事前の確認が必要である（表5-2）。

各資材とも燃焼時間が限られているた

表5-2　各防霜資材の燃焼特性（山形農総研セ園試、2003）

資材名	設置数 /10 a	着火性	燃焼性（火力）	排煙性	燃焼時間 1個（缶）あたり	備考
霜キラー	25個	×	○	△	2時間20分（米ヌカ蝋3kg＋ロックウールに灯油1ℓ）	灯油をしみ込ませたロックウールに着火
霜キラー	25個	○	○	△	2時間20分（米ヌカ蝋3kg＋縄1mに灯油1ℓ）	灯油をしみ込ませた縄に着火
防霜ロック	25個	○	○	×	3時間10分（灯油4.5ℓ、フタ1/2開）	
霜よけくん	50個	○～△	△	○	2時間40分	
霜まもるくん	50個	○	△	○	2時間30分	
霜取名人	50個	○～△	△	○	2時間40分	
霜よけなべっこ	20個	○	○	○	約5時間	
シーダーフレーム	40個	○～△	△	○～△	約3時間	

め、点火のタイミングが重要である。点火が早すぎると無駄な燃料を消費し、遅れると被害が発生する恐れがある。基本的には、各生育ステージの危険温度（表5-1参照）より1℃高い温度で点火を開始するが、地上1.5mの高さの温度が0℃になったら点火するのが一般的である（図5-2）。

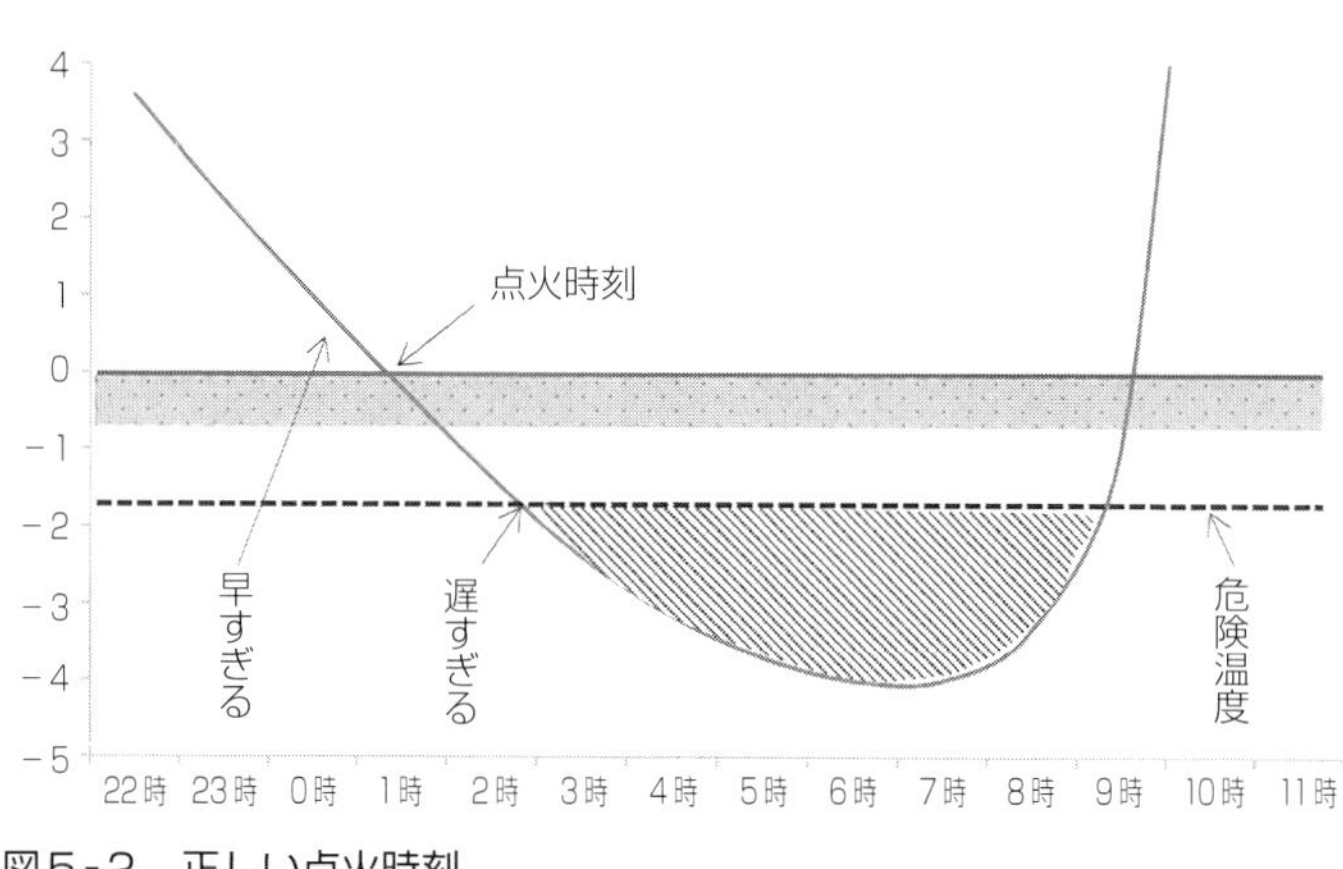

図5-2　正しい点火時刻
一般には地上 1.5 mの高さの温度が 0℃になったら点火する

なお、気温の低下が早く、0時ですでに0℃を下回るような場合、日の出まで6時間以上継続して燃焼させなければならない。気温がもっとも下がる明け方に火が消えてしまわないよう、気温が低下しやすい園地では予備の資材を準備しておくなどの対応が必要となる。

燃焼資材の配置は平坦なところでは園地の外側にやや多く、内側をやや少なめにして、外側の資材から点火する。傾斜地の場合は、傾斜の上側はやや少なめに、下側に多めに配置し、点火も下側の資材から始める。

②防霜ファン

降霜は、地表面の熱が放射冷却現象で上空に放出されるのに伴い冷気が流れ込み、地表面付近の気温が極端に低下することによって発生する。上空に放出された熱はある一定の高さに貯留し、そこに比較的気温の高い層、いわゆる逆転層が形成される。この逆転層の暖かい空気を地表面に送り、霜害を回避しようとするのが防霜ファンである。

防霜ファンは、地形、気流の流れる方向、逆転層ができやすい高さを考慮して、機種や設置台数、設置位置を決める必要があり、設置にあたってはメーカーとよく相談する。

防霜ファンは電源のある園地でないと利用できない欠点はあるが、サーモスタットにより運転・停止を制御でき、燃焼法のように夜中に園地温度の確認や資材への点火作業などを行なう必要がないので、軽労化できる。

サーモスタットはふつう1.5m付近に設置し、作動開始は霜害危険温度より2℃程度高い温度、作動停止は6℃程度に設定している場合が多い。

なお、防霜ファンは燃焼法ほど昇温効果が期待できない。気温が霜害危険温度より極端に低下するような場合は、燃焼法を併用する。

③温風式暖房機

燃焼機器から発生する温風を、園地に適正に配置したポリフィルム製のダクトの穴から吹き出させ霜害を防止する。防霜ファンと同様に電源のある園地でないと利用できないが、やはり軽労化に効果的である。昇温効果は防霜ファンよりも高いが、機械の能力あるいは1台でカバーする面積にある程度余裕をもって設定する。

地形、気流の流れる方向などを考慮して機種や設置台数、ダクトの設置方法などを決定するが、熱量は10ａあたり58kW以上とする。サーモスタットは1.5ｍ付近に設置し、作動開始の目安は0～1℃程度である。園地（雨よけ施設周囲）に防風ネットを設置することで昇温効果が高まる。

④散水氷結法

水は凍るときに1ｇあたり80calの熱（潜熱）を放出する。外気温が氷点下になっている間、連続して樹体に散水して凍らせ、氷の中の花芽内の温度を外気温より高く保持して、霜害の発生を回避する方法である。オウトウの樹体は氷で覆われるが、霜害が発生しやすいマイナス1℃以下の遭遇時間を短縮することができる。

スプリンクラーの氷結を防ぐため気温が1～2℃になったら散水を開始し、日の出後、外気温が0℃を上回ってから停止する。その後、氷が溶けるまでの間は樹体温度が低く推移し、溶けた水で地温が低下して生育が若干遅れる場合があるが、温度センサーで自動運転が可能なことや霜害を回避する効果が高いことから、最近注目されている。

一方で、気温が氷点下になっている間は、散水を続けなければならないため、10ａあたりの散水量は1時間で5000～1万ℓと大量となる。したがって畑かん設備や基幹用水路など水利があり、かつ排水がよいことが条件となる。

なお、大量の水が確保できない場合は、細霧発生装置（詳細は第7章105ページ「高温対策」参照）を利用できる。この装置はもともと高温対策用の装置であるが、10ａあたり1200ℓ/時の噴霧（3分噴霧、1分休止）である程度の防霜効果が期待できる（表5-3）。

この方法なら、あらかじめ1000ℓタンクに水をためておけば、水道水で補充しながら十分に間に合わせられる。ただし水を送るパイプが凍ると噴霧できなくなるので、気温が1～2℃になったら運転するようにする。

（以上、米野）

表5-3　雨よけ施設における被覆の有無と細霧噴霧[w]が降霜時[x]の花芽内温度に及ぼす影響（山形農総研セ園試、2011）

区	細霧の有無	被覆の有無	花芽内温度[y]（℃）		小花枯死率[z]（%）
			平均	最低	
細霧露地	有	無	-0.9	-1.3	0.3
細霧被覆	有	有	0.7	-0.9	0.0
無処理	無	無	-1.2	1.7	2.3

w：細霧は 2:50 ～ 7:00 の間、3 分可動、1 分休止で樹体上部から噴霧した
（噴霧水量　1160ℓ /hr/10a)
x：試験日の最低気温は -2.2℃
y：花芽内温度はＴ型熱電対により 3:00 ～ 5:00 の間計測
z：地上 1.5 ｍ付近の花束状短果枝 5 個 / 樹を 3 反復で調査

●暖地の凍霜害対策

土壌が乾燥していると放射冷却を助長するので、開花10日前ぐらいから地温の低下に留意して、暖かい日の午前中に十分な灌水を行なう。この灌水は養分吸収や花芽の充実を促す開花期の水分確保も兼ねる。

草生栽培園ではこまめに草刈りを行ない、草丈を短くしておく。敷きワラ（草）などのマルチは果樹園内の気温を下げるので、かき集めておく。マルチを行なう場合は樹冠下だけとし、全面マルチは行なわない。

やむなく低温や降霜に遭遇した場合は、被害の程度を確認する。凍霜害を受けた花は半日ほど経つと、雌ずいの基部が褐変し、肉眼でも容易に判別できる。地面に近い位置の枝や上向きの花蕾が被害を受けやすい。

被害程度が大きい場合は、高い位置の枝や下向きの花を中心に丁寧な受粉を行なう。

（以上、富田）

4 受粉の条件

オウトウの結実は、柱頭上にいかに多くの花粉を付着させるかにかかっている。①受粉樹が不足している、②降霜により雌しべの枯死が多く見られる、③開花期間中の気温が低い、風が強い、降雨が多いときは必ず人工受粉を行なう。

受粉時は次のような条件を勘案する。

（以上、米野）

●受粉時の気象条件

受精や結実に大きく影響するのが開花期の気象条件である。テレビやラジオ、インターネットなどでこまめに情報収集し、好適な条件を選んで人工受粉することが結実確保につながる。

①15℃以上、湿度60％程度、無風がベスト

受粉作業は、気温が15℃以上あって暖かく、60％程度の湿度があり、風のない日に行なうのが理想的である。受粉時に気温が低いと花粉の付着が悪く、発芽率が低くなる。15℃未満だと花粉が柱頭に付着しても花粉管が伸長しない。

湿度が低く乾燥しても柱頭への花粉の付着や発芽率が悪くなる。受粉時の乾燥が予想される場合、前日に灌水を行ない、圃場の湿度を高めておく。また、風が吹くと柱頭表面が急速に乾き、毛バタキに付着した花粉が飛ばされたりして、受粉効率が極端に悪くなる。強い風が吹く日は受粉しない。

受粉後も、気温が花柱内での花粉管伸長に影響する。受粉後2日ほど温暖な日が続くと良好な結実が得られる。

②好適条件を待つのが得策だが…

開花時期は天候が不安定で、降雨や低温が続くことも珍しくない。しかし、前述したように気温が低い場合は受粉しても効果があまり期待できないし、低温下では開花や花の老化スピードがゆるやかになる。

不利な条件で無理に受粉を行なうより、条件がよい日を待って受粉したほうがよい。受粉回数が少ないようであれば、1回に使用する花粉量を増やし、丁寧な受粉を行なう。

条件がよい場合は訪花昆虫が働くので人

工受粉は5分咲きと満開時の2回ぐらいでよいが、そういうときばかりでない。受粉効率は悪くなるが、条件が悪いときも繰り返し丁寧に行なうようにする。

●開花期の高温と受粉のタイミング

開花期の気温が高いと開花が急速に進み、花の寿命も短くなる。この場合も受粉できる回数が少なくなるので、使用する花粉量を増やして受粉する。開花が一気に進むと花粉が集められず、十分な受粉ができない。このような危険を回避するには一定量の花粉を毎年貯蔵しておくと安心である。

また、オウトウは開花期に28℃以上の高温に遭遇すると胚珠の退化が進み（写真5-3）、正常な胚珠の割合が少なくなり、結実不良になる。高温遭遇から日数が経過するほど胚珠の退化が進むので、高温遭遇したら、できるだけ早めに丁寧な受粉を行なって、結実率の低下を防ぐ。

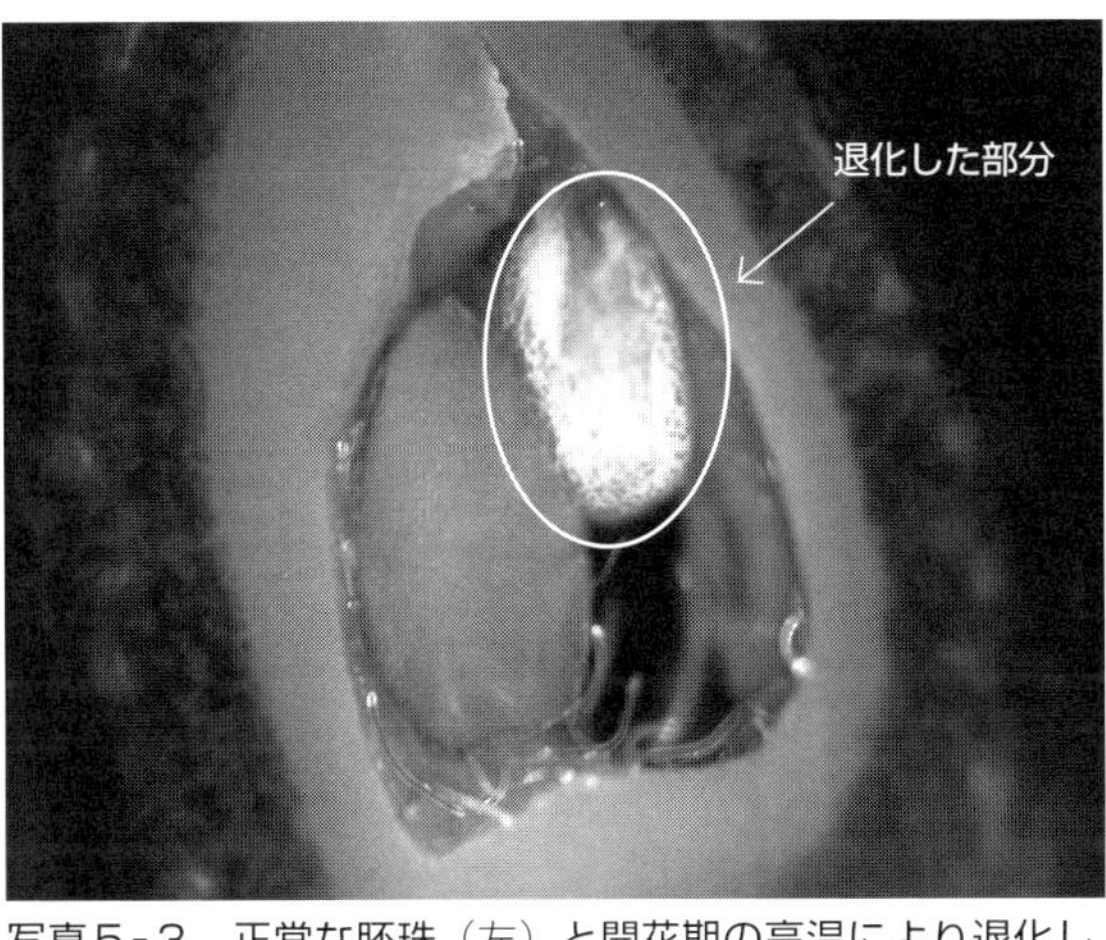

写真5-3　正常な胚珠（左）と開花期の高温により退化した胚珠（丸で囲った部分）

●異なるS遺伝子型を組み合わせる

オウトウは自家不和合性で、しかも同じS遺伝子型（二つのS遺伝子の組み合わせ）をもつ品種同士では、受粉しても結実しない。これまでに明らかになっているオウトウのS遺伝子は1～9まであり、主要品種のS遺伝子型は前に29ページの表1-2に示した通りである。このS遺伝子型の遺伝子が一つでも異なれば受精はできるが、二つとも同じだと受精できない。

主要品種では「佐藤錦」がS^3S^6、「高砂」はS^1S^6、「紅秀峰」はS^4S^6である。「紅ゆたか」はS^1S^6で、「高砂」や「紅てまり」と同じグループになり、交配親和性はない。

（以上、富田）

5 花粉採取、貯蔵、順化

●花粉採取のやり方

花粉は蕾から開花に向け花の生育が進むにつれて充実していく。開花直前の蕾が風船状になった時期から開花直後のステージで花粉の発芽率がもっとも高い。ただし、花の生育ステージを確認しながらの採花は非常に大変なので、受粉用品種が開花始期を迎えたら、白い花弁が見える蕾をすべて採取し、その1～2日後に再度、同様に採花すると効率がよい。

摘み取った花は、葯とり機で葯をふるい落とし、花糸とり機（なければ篩でもよい）で花糸を除去した後、黒色の紙を敷いたトレーに花粉を均一に薄くまき、開葯器に入れる。開葯器の温度は20～25℃に設定すると、24時間程度で開葯する。

なお、最近は精製されたオウトウ花粉も

販売されている。商品名は「さくらんぼ純花粉」（発売元：星野㈱）といい、アメリカ産の「レーニア」や「スイートハート」などの混合花粉で国内の主要品種とも交配和合性がある。

●花粉の貯蔵方法

採取した花粉は5～10gに小分けし、しけないようにシリカゲルを入れた容器に密封して冷凍貯蔵する。家庭用冷蔵庫の冷凍室でも貯蔵可能だが、花粉発芽率はやや低下する。できれば、マイナス30℃以下で貯蔵する。（以上、米野）

●湿潤順化で花粉活性がアップ

受粉樹との開花期がズレる場合は、おもに貯蔵花粉を用いる。貯蔵花粉は、長期間貯蔵するため乾燥剤とともにマイナス20℃以下の極低温で保存される。このような低温・乾燥条件下にある花粉の生理活性はほぼ停止しており、休眠状態にある。そのため、花粉の生理活性を復活させるため、冷蔵庫から出したあとに順化が必要となる。

表5-4　花粉の順化条件が結実率に及ぼす影響

（山梨果樹試、2010）

順化の条件（温度、湿度、時間）	発芽率（%）	結実率（%）
多湿　（20℃、90%、2時間）	54.1	17.2
乾燥　（20℃、30%、2時間）	13.5	6.1
慣行　（21℃、52%、16時間）	15.1	2.5

注）「佐藤錦」に対して「ナポレオン」の花粉を1回受粉した

その順化時の条件が結実にどの程度影響するかを確認したのが、表5-4である。多湿条件で2時間順化すると、慣行の場合に比べて結実率が高まる。

①90％の多湿条件が順化に適す

これまでは貯蔵した花粉を使用する前日に冷凍庫から取り出し、室内で一晩ほどおいて順化させていた。しかし、この方法では毎回温度や湿度の条件が異なり、同じ花粉を順化しても発芽率はそのたびバラつくことになる。

表5-4に紹介した通り、湿度90％の多湿条件で順化すると安定して高い発芽率が得られる。逆に順化時の湿度が30％程度では花粉はあまり発芽できない。温度の影響については、多湿条件における4時間程度の順化では4～20℃まで発芽率に差はない。ただし、25℃以上の温度で長時間順化させると、発芽率は急激に低下するので注意する。

②高湿度順化のやり方

（a）当日の天候を確認し、受粉ができる条件であることを確認してから準備を始める。

（b）タオルを水で濡らし、固くしぼる。クーラーボックス（密閉できる容器であれば発泡スチロール容器なども可）の底にしぼったタオルを敷き、フタを閉めて30分ほど待つ。30～40分でクーラーボックス内の湿度は90％ほどに達する（図5-3）。

（c）冷凍庫から出した貯蔵花粉を茶封筒に小分け（5～10g）にする。花粉量が多いと、塊の中心が吸湿不足となるので注意する。

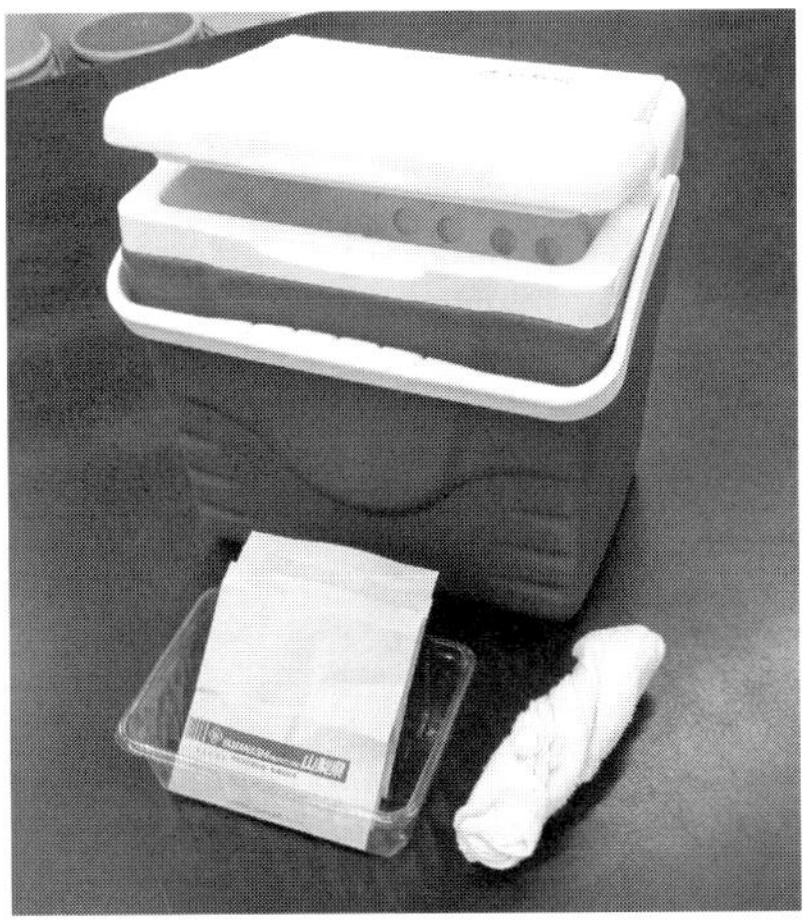

写真5-4　高湿度順化に用いるクーラーボックスとトレー、濡れタオル
花粉を入れた分包はトレーにのせ、濡れタオルに直接触れないようにする

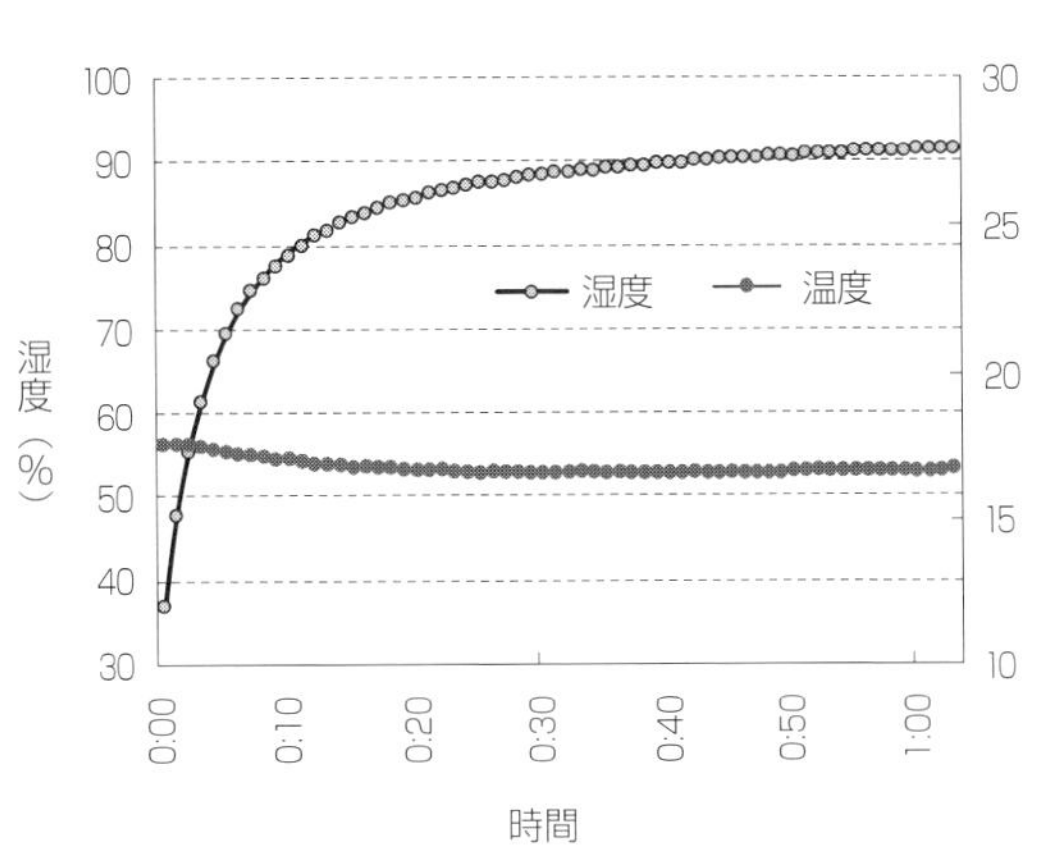

図5-3　クーラーボックス密閉後の温湿度変化
30～40分で90%ほどの湿度になる

（d）花粉を入れた分包をトレーにのせ、クーラーボックスの中に入れる。トレーにのせることで花粉が濡れるのを防げる。仮にこぼれても回収しやすい（写真5-4）。

（e）当日使用する量の花粉を、そのつど順化させる。

（f）クーラーボックスの中で2時間程度順化させる。こうすることで、短時間で発芽率を高められる。

（g）花粉はクーラーボックスに入れたまま畑にもっていき、受粉直前に取り出し使用する。

③ムラなく吸湿させるのがポイント

花粉にムラなく吸湿させることが大切である。均等に広げたほうが吸湿しやすいので、なるべく少量ずつ分けて順化させる。大量の花粉を扱う場合は、数枚のトレーなどに薄く広げるとよい。

理想的には、貯蔵前に5～10gずつ小分けにしておくのがよい。花粉全体の乾燥が均一に進み、貯蔵状態も良好となる。分包せずそのままの状態で順化もできる。

（e）でも述べたが、順化する花粉は当日使う量だけを基本とする。一度順化すると花粉の生理活性が高まり、呼吸などで養分を消耗する。また吸湿することにより、カビや細菌が繁殖して発芽力が失われる原因となる。

受粉で花粉が余ったら、発芽力は低下するが、数日間なら冷蔵庫で保存し次回の受粉に使用できる。ただし、冷蔵庫内は湿度が低いため、保存した花粉はふたたび多湿条件で順化する。

④順化処理した花粉の扱い

順化後の花粉を湿度30％程度の乾燥した環境に置くと、発芽率はふたたび低下する。花粉がつねに大気と水分交換を行なっているためと考えられるが、多湿条件で順化した花粉はすぐに使用したほうがよい。

また（g）で述べたように、クーラーボックスごと畑にもっていき、使用直前に取り出して使用するのがよい。湿度や温度がほぼ一定に保たれるのはもちろん、花粉に直射日光が当たって発芽率が低下する心配もない。

順化そのものは2時間程度で完了する

が、4～20℃の範囲ならそのまま半日ほど置いておいても発芽率は維持される。多少、受粉作業が長引いても安心である。

（以上、富田）

6 人工受粉の実際

●毛バタキを使うやり方

発芽率によっても異なるが、花粉は石松子で2～4倍に希釈して使用する。

毛バタキによる人工受粉は、開花期に受粉樹の大枝1本に対し、主要品種の枝2～3本程度の割合で交互になでる。あまり強くなでつけると、柱頭を傷つける恐れがあるので、毛バタキを回しながら軽くなでる。開花期の天候が比較的安定しているときは5分咲きと満開期の2回程度行なえばよいが、不順なときはできるだけ多く実施する（写真5-5上）。

写真5-5　毛バタキによる受粉（上）と毛バタキ式受粉機（下）

なお、貯蔵花粉を毛バタキに付着させて人工受粉する場合は、石松子で容積比の3～5倍ほどに希釈して、ボイド管などを加工した大型の丸筒などの中で毛バタキに付着させて補給する。石松子は花粉の増量剤としてだけでなく、花弁に付着した色で受粉作業の確認ができる。

毛バタキには、花粉の付着がよく耐久性にすぐれた水鳥の羽毛でできたものを使用する。車のホコリを払い落とす毛バタキと形状は似ているが、化繊の羽毛状のものを使っているので静電気が発生し、花粉がオウトウの柱頭にほとんど付着しない。これは使わないようにしたい。

山梨県では、従来の水鳥の羽毛を使ったものからダチョウの羽根を使ったものに材質が急速に切り替わっている。ダチョウの羽根は細く柔らかい。全体的に綿状でふわふわしているので、花粉の付着状態がとてもよい。とくに交互受粉では花粉が羽根によく付着するので結実もよく、普及が広がっている。

毛バタキには専用の機械もある。この受粉機（写真5-5下）は、先端部の羽毛（受粉毛）が回転しながら、吐出した花粉を柱頭に付着させる仕組みで、受粉用の花粉は採取、あるいは購入する。（以上、米野）

●早朝や夕方の受粉は効果が低い

受粉の効果は、時間帯によって異なる。表5-5に、受粉する時間帯の影響を調べた結果を示したが、午前10時や午後2時の受粉は早朝や夕方の受粉よりも良好な結実率が得られている。オウトウは、受粉後2時間で花粉管が伸び始めるが、気温が低い午前6時の受粉では伸長が劣り、その後の伸長にも影響する。また、伸長初期に低温遭遇した前日午後5時の受粉では、伸長は良好であるものの、花粉管の形態異常が観察される。

　オウトウは花粉管の伸長初期に低温の影響を受けやすく、早朝や夕方の受粉では結実率が低下する。

　このため、受粉作業は気温が上がり始める午前10時頃から始め、受粉後も2時間ほど気温が高い状態が続く午後2時頃に終えるようにするのがよい。ただし、栽培面積が広い場合は、時間を限らずできるだけ人工受粉を行なう。

表5-5　受粉時刻が結実に及ぼす影響（山梨果樹試、2018）

受粉時刻	結実率（%）		
	2010年	2011年	2014年
前日17時	4.5	35.2	13.0
6時	5.5	38.1	15.4
10時	18.7	60.2	29.4
14時	15.8	43.3	24.4

供試品種：「佐藤錦」
受粉方法：前日もしくは当日開花した花に「ナポレオン」の貯蔵花粉を羽毛棒で1回受粉

表5-6　長期被覆が結実率に及ぼす影響（山形農総研セ園試）

調査区		2009年		2010年	
		最高気温（℃）x	結実率（%）y	最高気温（℃）x	結実率（%）y
樹上部（3.5m）	長期被覆	16.6	9.5	29.1	25.4
	慣　行	15.0	7.0	26.6	18.7
樹下部（1.5m）	長期被覆	16.5	12.5	17.6	24.7
	慣　行	14.4	8.3	16.3	16.3

x：開花始期～満開期までの最高気温の平均
y：5分咲き時と満開時に毛バタキ式受粉機で人工受粉を2回実施
＊：開花期間中の降雨量　2009年：46㎜　2010年：22.5㎜

表5-7　長期被覆が果実品質に及ぼす影響（山形農総研セ園試）

調査区		果実重（g）	着色（%）	ウルミx（指数）	圧縮強度（g）	糖度（brix%）
2009年	長期被覆	7.8	71	1.4	57	20.4
	慣　行	7.6	71	1.1	55	21.1
2010年	長期被覆	7.4	60	1	64	18.6
	慣　行	7.7	57	0.4	72	18.5

x：果実赤道部の横断面の水浸状面積割合の指数
　0：なし、1：50%未満、2：50～80%、3：80%以上

●開花期の雨よけ被覆（長期被覆）による結実確保

開花期に降雨が続くと訪花昆虫の活動が停滞するとともに、思うように人工受粉もできず、着果量が平年の半分以下になってしまう年もある。長期予報で開花期の天候不順が予想される場合は、開花期から雨よけ被覆を行ない、加えて防風ネットを設置する。こうすると、施設内の気温が上昇し、風当たりも弱くなって訪花昆虫の活動が活発になり、結実率が向上する。また、雨が降っていても人工受粉ができるので平年なみの着果が確保できる（表5-6）。

開花期から収穫期までずっと被覆しても、収穫時期や果実品質に大きな影響もない（表5-7）。

（以上、富田）

7 訪花昆虫（ミツバチ・マメコバチなど）の利用

●人工受粉を補い、結実確保

オウトウは、他の果樹と比べても結実しにくく、できるだけ多く受粉する機会を設けることが重要である。しかし開花期間中、毎日人工受粉を実施するのは困難である。そこで、訪花昆虫（ミツバチ、マメコバチ）を積極的に活用する。

訪花昆虫の活動は風が強いと停滞してしまうので、雨よけ施設を利用して風上面（できれば2面）に防風ネットを設置するなど活動しやすい環境をつくっておく。また、開花期間中は殺虫剤を散布しないようにし、やむを得ず使用する場合でも、できるだけ訪花昆虫への影響の少ない農薬を使用する。

●ミツバチの利用

①蜂群の確保

ミツバチの利用は、養蜂業者からリースしてもらう場合と交配専用のミツバチを購入する場合がある。近年はさまざまな問題で、蜂群数、養蜂家が減少しており、リース可能な群数が少なくなっている。

現在は、各都道府県が関与し、園芸農家と養蜂家との間に需給調整システムを立ち上げ、全国的にミツバチを融通しあえる体制となっている。ミツバチをリースする場合は、双方の連携を密に、必要な群数を毎年確保できる関係を築いておくことが重要である。

②開花始期に導入タイミングを合わせる

ミツバチは転飼後、最初に飛ぶときは

写真5-6　園地に設置されたミツバチ巣箱（左）とミツバチによる受粉（右）

もっとも近くの花を訪れる習性がある。ミツバチの導入時期としては、開花始期がもっとも効果的であり、タイミングよく導入できるよう、あらかじめ養蜂業者と調整しておく。

また、1群（約6000～8000匹）あたりの対応面積は30～40aといわれているが、ミツバチは花さえあれば2000m程度離れた場所まで飛んでいく。果樹団地のようなところで個別に巣箱を設置して、ハチがよそに飛んでいって自園の花粉交配に働いてもらえないなどということがないよう、団地全体で面積に応じた群数を共同で導入し、適切な場所に設置することが望ましい（写真5-6）。

③設置場所、向き、作業上の注意

巣箱の設置はハチが活動していない夜間～早朝に行ない、巣箱の出入り口を東、または南側に向けて置く。場所は学校や幼稚園の近く、通学路の近くを避け、設置した場所には標識を立てて注意を喚起する。

巣箱の周辺では、長袖シャツ、長ズボンなど、肌が露出しない服装で作業し、設置した後2日間ぐらいはまだハチが落ち着かないので、刺されないよう注意する。

なお、伝染病防止の観点から受粉期間が過ぎたリースミツバチは速やかに養蜂業者に返却し、買い取りミツバチの場合は、巣箱内にハチが残っていても必ず焼却処分にする。

●マメコバチの利用

①開花期に交尾産卵する受粉向きのハチ

マメコバチ（ツツノコハナバチ）は体長8～12㎜程度の小型の野生バチで、本州から北海道に広く分布する。性格は温順で、針をもたず、ミツバチのように人畜に危害を加える危険性が少ない。ミツバチのような集団社会生活は行なわないが、集合性（1ヵ所に集まる性質）があり、この習性を利用して1ヵ所に営巣させることができる。オウトウやリンゴなど果樹の開花期に成虫が交尾、産卵のため活動するので、果樹の受粉に適している（図5-4）。オウトウ園では10aあたり3000匹ほどのマメコバチが必要と考えられている。

②園地には巣箱を設置

マメコバチは、自然界では折れたヨシやカヤぶき屋根で営巣して世代交代を繰り返す。オウトウ園内で花粉交配させるためには、園地内に営巣場所＝「巣箱」を人為的

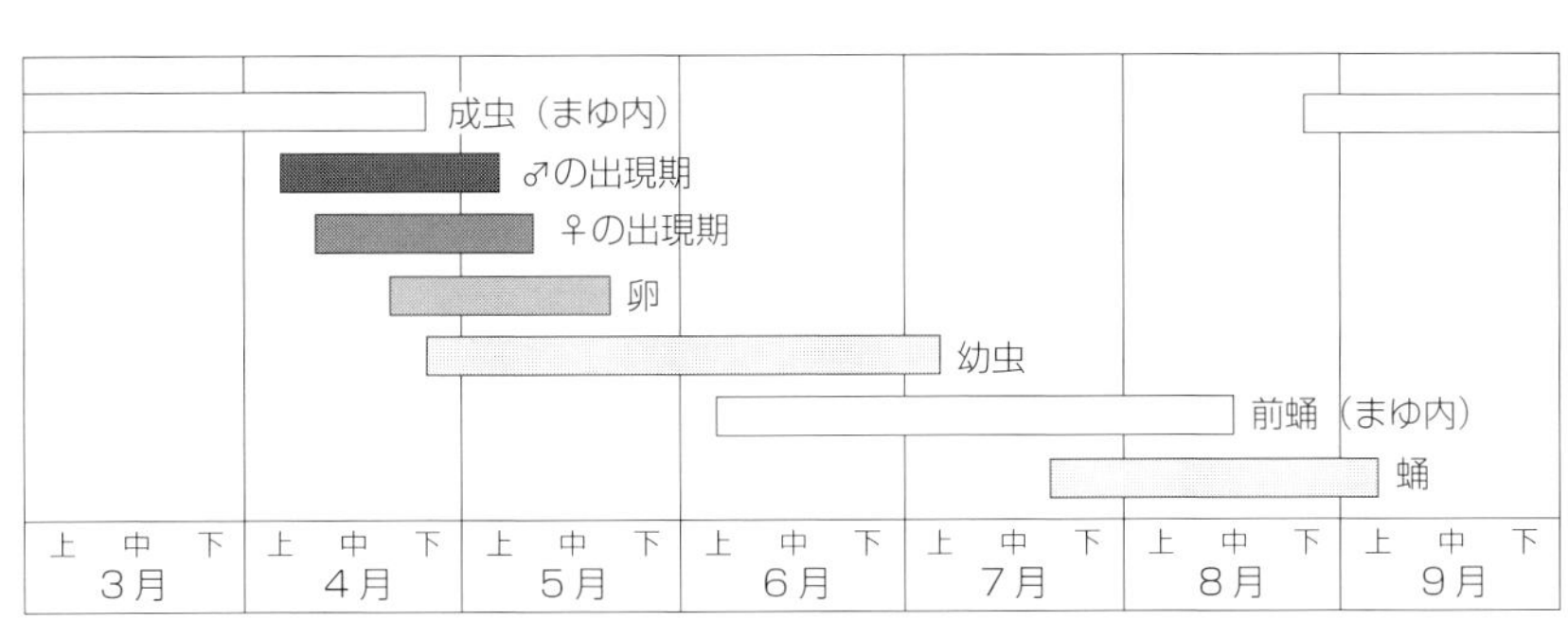

図5-4　マメコバチの生活史

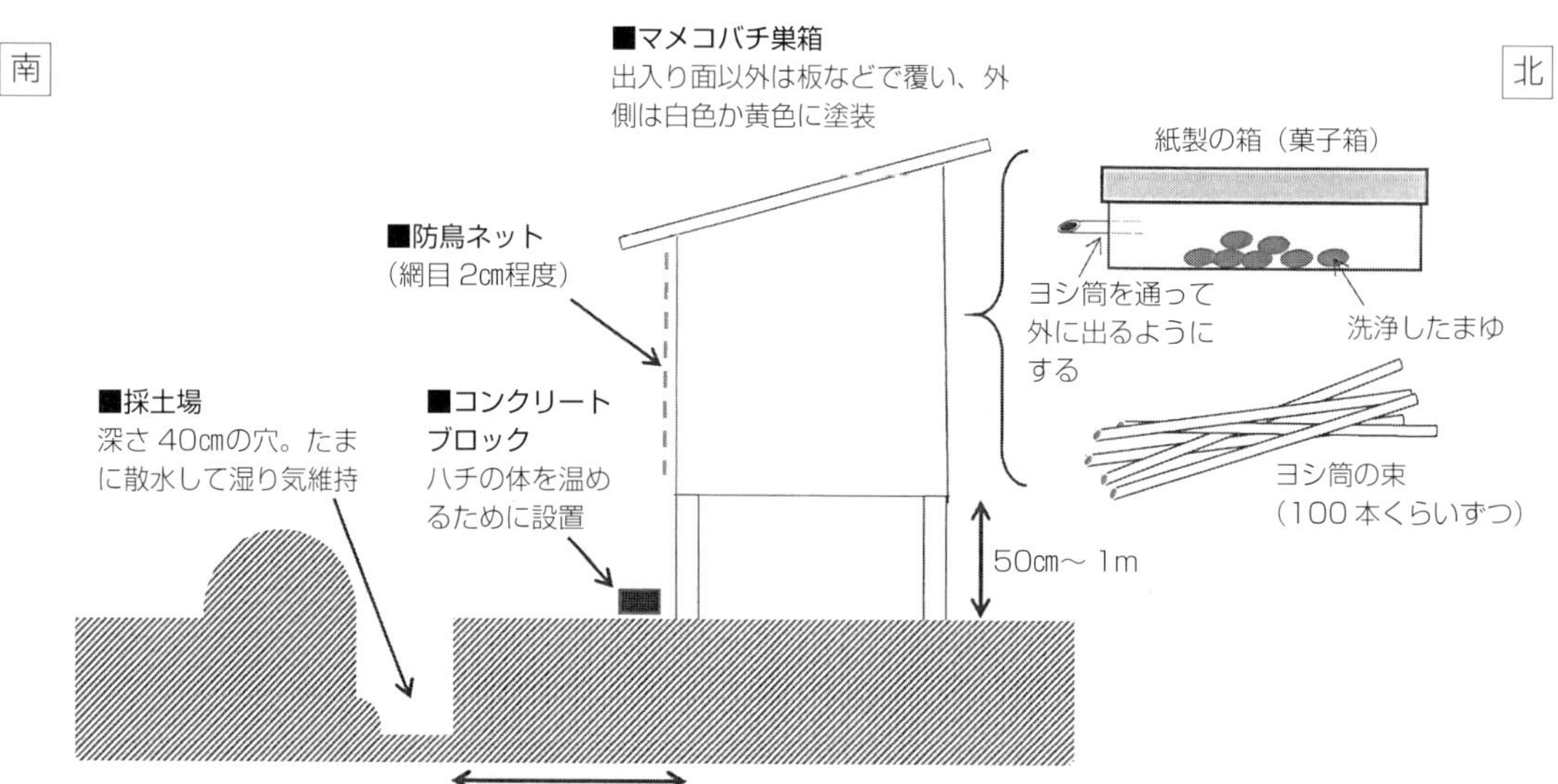

図5-5　マメコバチの巣箱の設置

写真5-7　マメコバチ巣箱
高床式とし、出入り口には網目 2cm程度の防鳥ネットをかける

につくっておく必要がある（図5-5）。

巣箱は、マメコバチが土面からの湿気を嫌うので高床式とし、雨や直射日当を避けるため屋根をかける。出入り口以外は完全に塞ぎ、出入り口には鳥害を防ぐ防鳥ネット（網目2cm程度）を必ずかける（写真5-7）。

マメコバチの行動範囲は巣箱を中心に半径40m程度なので、80m間隔で設置すればよい計算になるが、近くに花があるとそれ以上遠くに飛んでいかないので、園地内に分散して設置し、巣箱の出入り口は必ず南向きとする。

また、マメコバチがヨシ筒に卵を産む際、土で隔壁をつくる。このため巣箱の1～1.5m手前に、採土場として深さ40cm程度の穴を設け、土が乾きすぎないようにときどき散水しておく。採土場で土取りをしているマメコバチが鳥に食べられることがよくあるので、ここにも防鳥ネットを張っておくとよい。

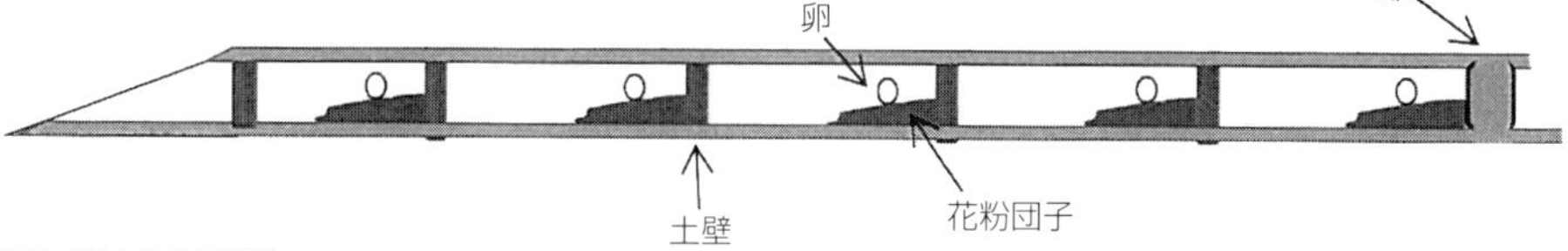

図5-6　ヨシ筒内での産卵
太さ 5 ～ 7mm、節を中心に 30cm程度の長さに調製したものを用いる

③種バチの確保とヨシ筒の準備、調製

巣箱の設置と並行して、種バチの確保が必要である。種バチは市販のものを購入するか、すでにマメコバチを利用している園地にヨシ筒の束を設置して、巣づくりさせる。

次に、巣箱に入れる巣材を準備する。巣材にはヨシ筒が一般的で、マメコバチはヨシ筒の中に花粉を蜜で固めた団子を準備し、そこに1個だけ産卵する。産卵後、土で壁をつくり、同様の作業を繰り返していく。マメコバチが増殖するには、マメコバチが産卵しやすいヨシ筒を巣箱に設置することが重要である（図5-6）。

マメコバチに適したヨシ筒の太さは5～7㎜であり、節を中心に30㎝程度の長さに調製する。切り口がささくれ立っているとハチが入りにくくなるので、鋭利なナイフで切り口が斜めになるように切断する。大量に調製する場合は電動ノコギリなどでまっすぐに切断することもあるが、この際も切り口がささくれ立たないように、できるだけ目の細かいノコギリ刃を使用する。

写真5-8　古いヨシ筒からのマメコバチ（まゆ）取り出し作業

切断後、ヨシ筒の内側をきれいに掃除し、切り口を不揃いにして100本程度ずつ束ねる。同じヨシ筒を何年も使っていると、古くなったヨシの中に天敵類（寄生ダニ、カツオブシムシ）が発生し、マメコバチの増殖の妨げになる。毎年、新しいヨシ筒を10aあたり500～800本程度準備し、毎年新しいヨシ筒を補充しながら、少なくとも3年に一度は更新されるようにする。自生するヨシの確保が困難な場合は、市販品もあるので必ず補充する。

④古いヨシ筒の処理

なお、古いヨシ筒の中にもマメコバチが入っている。更新の際は、冬期間にヨシ筒を割って中からまゆを取り出し（写真5-8）、十分に洗浄、乾燥した後に、紙製の箱（菓子箱など）に入れておく。当面は冷蔵庫で保管し、開花10日前頃に巣箱内に設置し、種バチとして利用するとよい。箱に脱出用通路としてヨシ筒を短く切ったものを取り付けておくと、同じ巣箱内のヨシ筒に産卵しやすくなる。

（以上、米野）

●マルハナバチの利用

マルハナバチ類は施設栽培のトマトなどで受粉に利用されている。オウトウの受粉作業にも利用できるかどうか試験したところ、セイヨウオオマルハナバチ、クロマルハナバチとも人工受粉の補助手段として利用できることを確認した。ただし、外来生物法の施行によりセイヨウオオマルハナバチは許可を受けたうえで、網で覆った施設内部での使用に限られる。

一方、外来生物法の規制を受けない在来種のクロマルハナバチの訪花特性や利用方法を検討したところ、早朝から夕方まで、また15℃以下の低温でも安定的に訪花活動を行なう。

写真5-9
ハウス内に設置したマルハナバチの巣箱（右）とハチの出入り口（左）

クロマルハナバチの1群（1箱）が1日に訪花できる花数を調査したところ、働きバチ1匹あたりの1分間の訪花数は8.7花で、1日の活動時間は8時間であった。

これらから推計される1群が1日に訪花する数は約4万3500花であり、10aあたり2～3箱の導入が目安となる（写真5-9）。

放飼試験では、クロマルハナバチのみの受粉でも10％以上の高い結実率が得られており、人工受粉と併用することで結実率はより高くなり、安定化がはかれる。

利用にあたっては、導入前にマルハナバチに影響する農薬の使用は控えるとともに、巣箱は直射光が当たらない場所に設置する。また、設置後すぐに放飼せず、1～2日ハウス内の環境に慣らしてから放飼する。

なお、マルハナバチの価格は西洋ミツバチの1.5～2倍となる。

8 この時期の防除——灰星病や灰色かび病、ハマキムシに注意——

開花期は、満開から落花期にかけて花腐れによる灰星病、雄しべやがくなど落ちにくい部分からの灰色かび病、幼果への炭そ病の感染、ハマキムシ類の発生と被害が始まる。とくに満開期以降は、開葯の終了した雄しべ、花弁、がくなどから灰色かび病を発病するが、雄しべの葯の部分は発生しやすいので注意する。

なお、炭そ病の対策としては、休眠期に枯れ枝や芽をせん除し、ミイラ化した果梗や果実を取り除くなど耕種的防除を事前に行なっておくとよい。

ハマキムシ類は、IGR剤などにより防除するが、訪花昆虫を利用している地域では薬剤の種類や防除時期に注意する。

（以上、富田）

実際編

第6章

5月——新梢伸長・幼果期の作業

摘果、裂果防止、灌水ほか

1 摘果と灌水管理——果実肥大・品質を左右する条件

●摘果は必須の作業

果実を成熟させるには、それに必要な葉数が確保されていなければならない。葉枚数に対し着果が多いと果実肥大が劣り、着色が悪く、糖度も低くなる。「佐藤錦」では、果実1果をきちんと成熟させるには成葉が4枚必要とされ、新梢葉からの養分転流を考慮すると適正な着果数は花束状短果枝あたり2果程度となる。消費者に高品質な果実を届けるには、摘果は必須の作業といえる。また、摘果で適正な着果数に制限するにも時期が遅いと効果が劣る（表6-1）。実どまりが判明したらできるだけ早期に摘果を行ない、満開4週間目ぐらいまでに終了させる。

●摘果のタイミング

受精して着果すると果実は肥大が進み、受精せずに生理落果する果実は、肥大が生育途中で停止する。果実横径を計測しグラフ化すると、着果する大きさの果実と生理落果する大きさの果実で二つに分かれ、2峰性を示すので、このような傾向が見られるようになったら摘果を開始する（図6-1）。2峰性を示す時期は年次によって多少前後するが、「佐藤錦」は満開15～18日

表6-1　摘果時期と果実品質（山形農総研セ園試、1988）

摘果時期	1果重	糖度	等級構成（%）			
	（g）	（bx%）	特秀	秀	優	良
満開 20 日後	6.8	18.8	14.3	24.9	29.2	31.6
満開 30 日後	6.3	19.5	17	22.2	28.7	32.1
満開 40 日後	6.0	18.7	9.8	22.1	29.5	38.6
無　摘　果	5.2	16.5	3.4	3.4	23.9	62.8

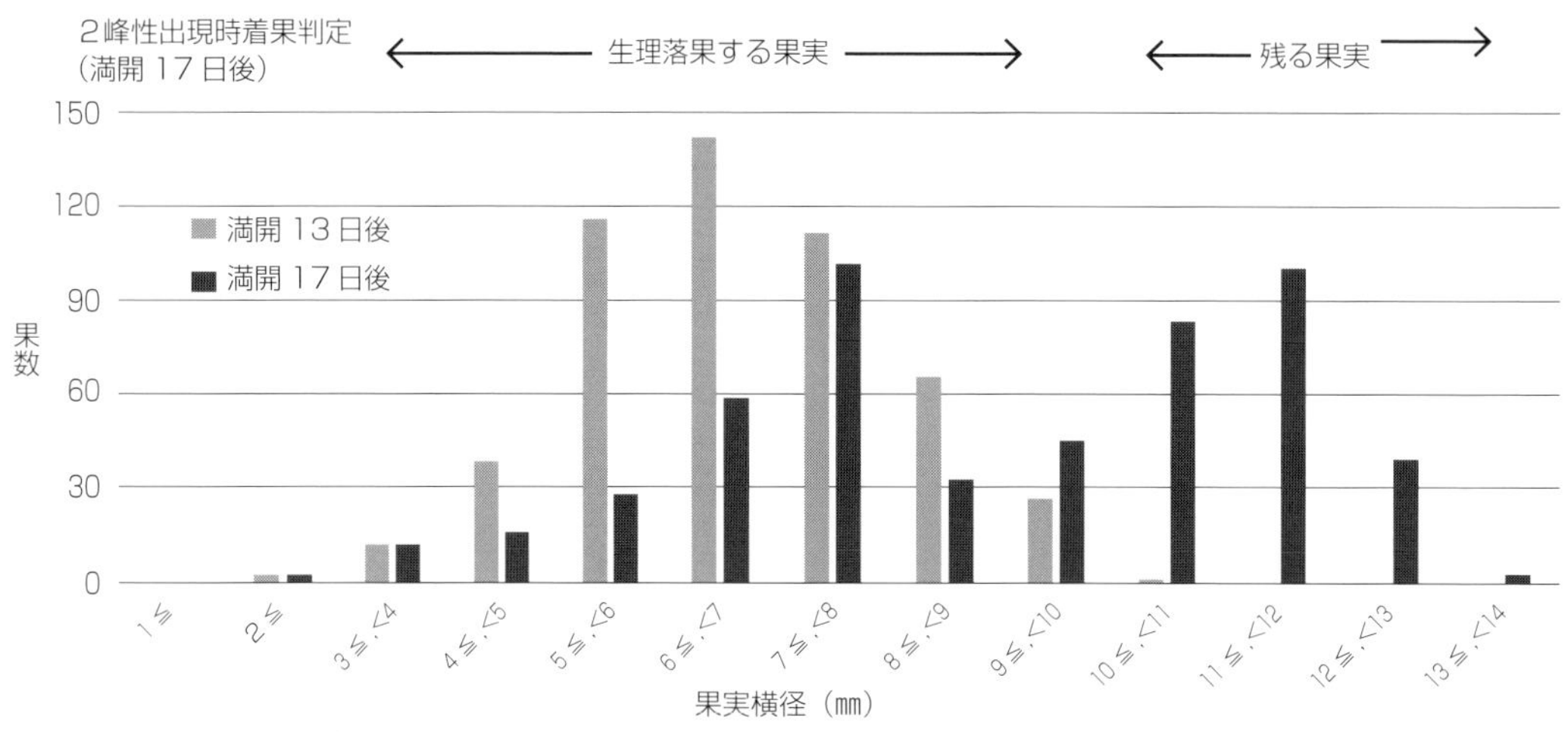

図6-1　果実の２峰性（佐藤錦）
果実肥大は着果する果実と生理落果する果実で二つに分かれ、後者は途中で停止する。肥大が継続するものとの違いがわかるようになったら、摘果を始める。「佐藤錦」では例年満開 15 ～ 18 日後に２峰性を示す

後で、着果する果実の大きさは10～11㎜以上である。

●摘果の程度

摘果の程度は、1花束状短果枝あたり平均で2果を基本とし、着果部位や樹勢に応じて加減する。各部位ごとの着果の目安は、2年枝基部は3～4果、葉が大きく、着葉数が多い花束状短果枝（おもに上向きの花束状短果枝）は2～3果、葉が小さく着葉数が少ない花束状短果枝（おもに下向きの花束状短果枝）は0～1果とする（図6-2）。

摘果では、軸が太く、肩の張った果実を中心に残し、双子果、病虫害果、障害果を摘除する。着果が多い場合は、枝の下側についている果実を一気に全部摘果し、その後、横向き、上向きの花束状短果枝の果実を適正数に摘果する。なお、果実同士が接触しているものは着色しにくいので、どちらかを摘除する。

摘果は、着果が多い樹、樹勢が弱ってい

図6-2　部位別の着果程度の目安

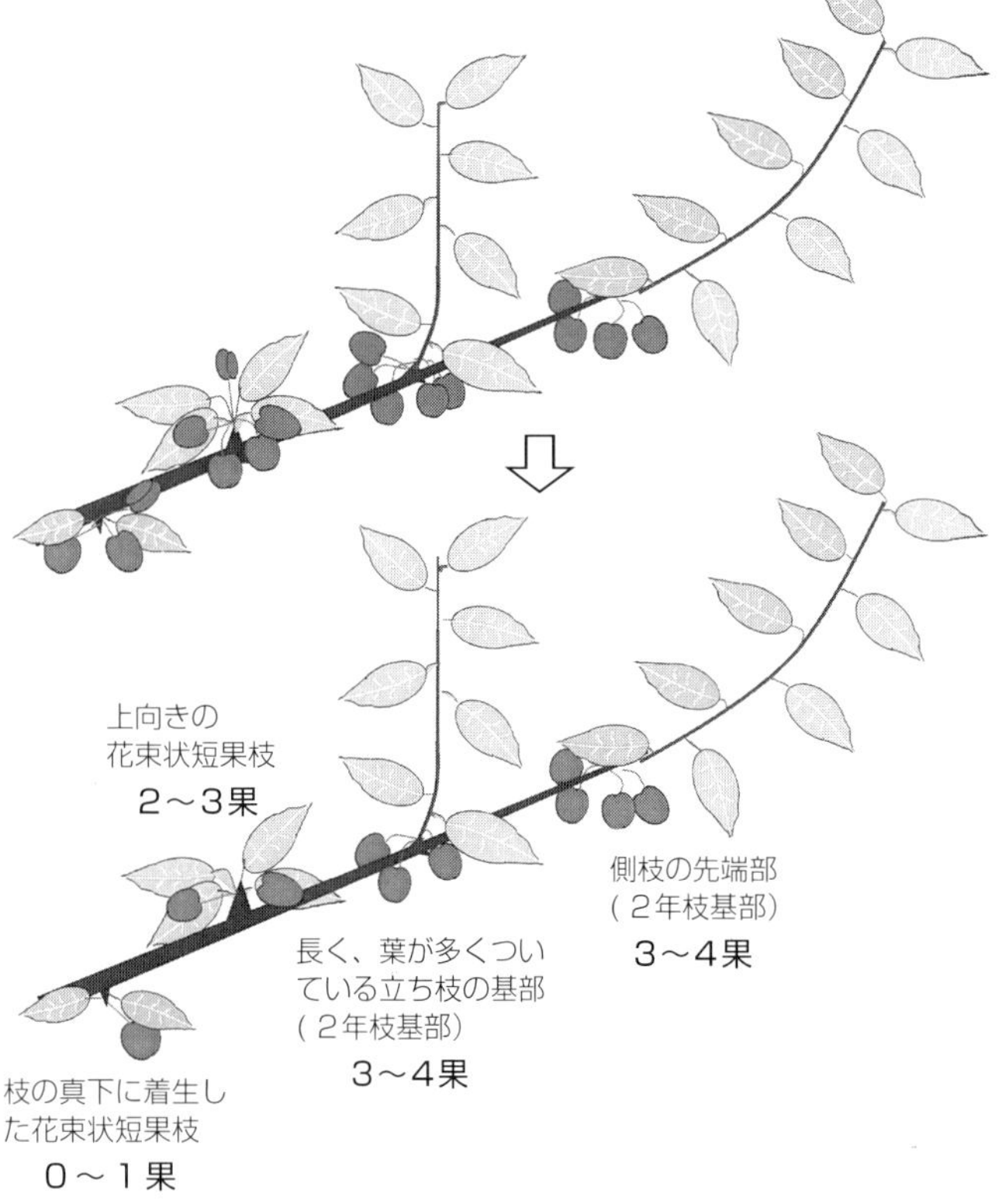

上向きの花束状短果枝　２～３果
側枝の先端部（２年枝基部）　３～４果
長く、葉が多くついている立ち枝の基部（２年枝基部）　３～４果
枝の真下に着生した花束状短果枝　０～１果

る樹などから優先して実施する。樹の大きさや着果程度にもよるが、1樹を摘果するのに8時間ほどかかる。精度よりも園地全体をスピードを重視して実施する。

（以上、米野）

●摘果と併せて、花カスと芽のりん片を落とす

一つの花束状短果枝には7～8個の花芽がつき、一つの花芽の中には小花が通常3個ほど入っている。したがって一つの花そうには20個を超える花が咲く。結実するのはその一部で、一つの花束状短果枝につけられる果実は多くても3果ほどである。その他の不受精となった花は、落花後に花カスとなり、花束状短果枝の中に絡みついた状態で残る。曇雨天が続き、多湿条件になるとこの花カスが湿気をもって灰星病や灰色かび病などの病気の発生源になる。幼果がダイズ大になったら摘果と併せて花カスを丁寧に落とし、病害発生を予防する（写真6-1）。

また、花芽を覆うりん片は開花後も果梗の付け根についている。りん片が収穫果実に混じると、選果やパック詰めのとき邪魔になる。果実に付着したりん片は選果の際に払い落とすが、花カス落としのときに果梗付け根についたりん片にも触れて、できる限り落としておくと、選果やパック詰めの作業がスムーズに進められる。

（以上、富田）

●土壌水分の確保（灌水管理）

オウトウは比較的排水が良好な場所に植え付けられていて、根もそれほど深くまで伸びていかない。そのため、土壌水分の影響を受けやすい。とくに5月は結実が確定

写真6-1
花カスを丁寧に落とし、灰星病や灰色かび病などの病気の発生を未然に防ぐ

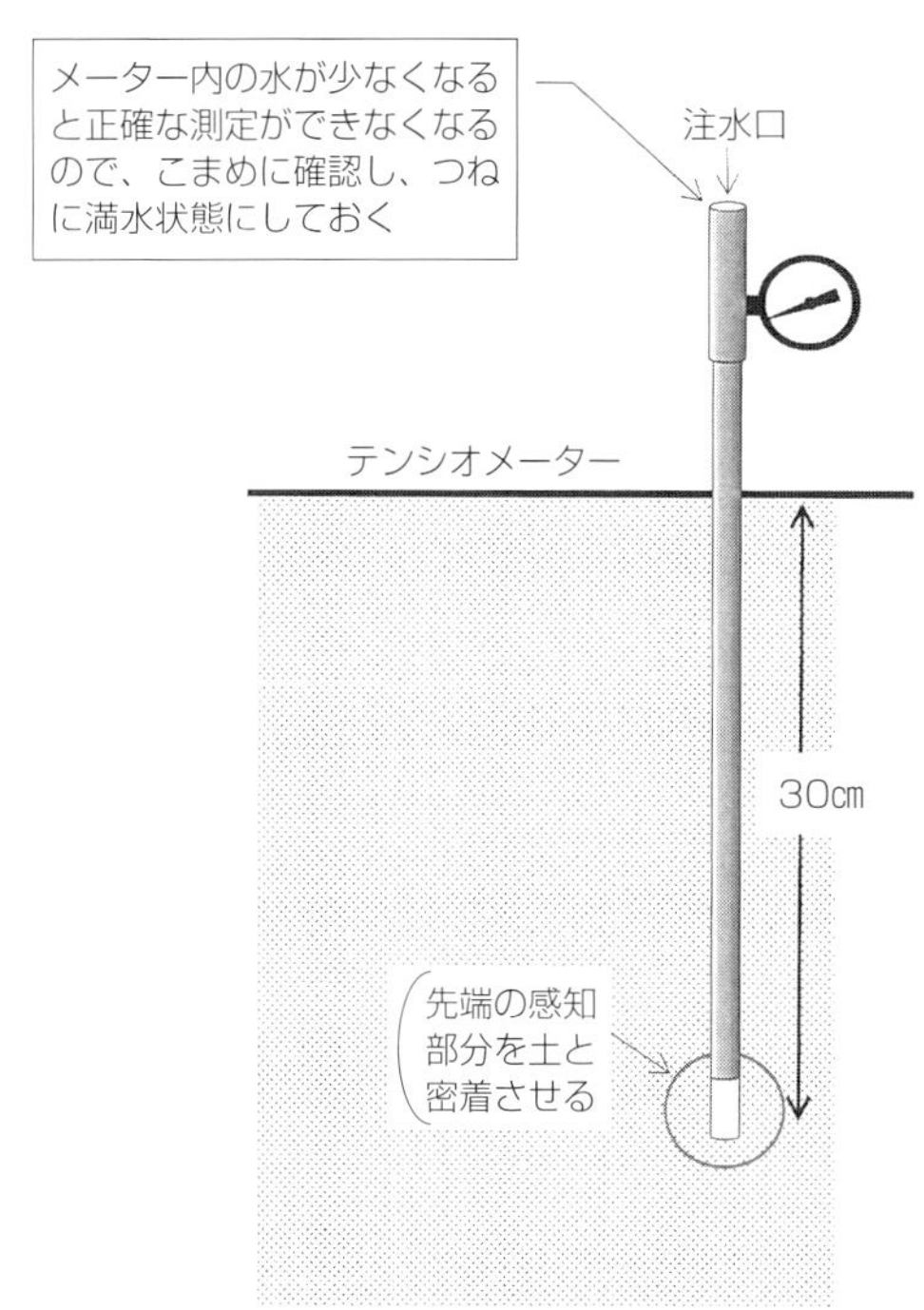

図6-3　テンシオメーターの設置方法

し、果実内の細胞分裂や初期肥大が盛んになり、同時に新梢が旺盛に伸長する時期でもある。この時期に十分な土壌水分がないと、果実肥大の停滞や早期の新梢伸長停止を招くことになる。従来なら「天気まかせ」でも1〜2週間に1回は降雨があり、十分な土壌水分が確保できていた。しかし、近年は地球温暖化の影響で1ヵ月程度雨が降らないことも珍しくない。今後は、品質の高い果実を生産するうえで、自分の園地の土壌水分をテンシオメータ（図6-3）などでつねに把握しながら、必要に応じて灌水できる設備を整えておくことが重要になる。

　ただし、品種によっても必要な土壌水分量が異なり、「佐藤錦」は比較的乾燥気味に管理するのが適しているが、「紅秀峰」は「佐藤錦」より土壌水分は多めで管理する（図6-4）。「紅秀峰」は水分が不足してくると、葉が巻いて果実肥大や葉の光合成に影響を与える（写真6-2）。参考までに、表6-2に「佐藤錦」と「紅秀峰」の時期別の灌水の目安を記した。

（以上、米野）

発芽期（紅秀峰）　開花期（紅秀峰）　着色始期（紅秀峰）　収穫期（紅秀峰）
多
土壌水分
少
紅秀峰の土壌水分の目安
佐藤錦の土壌水分の目安
発芽期（佐藤錦）　開花期（佐藤錦）　着色始期（佐藤錦）　収穫期（佐藤錦）
3月　4月　5月　6月　7月

図6-4　「佐藤錦」「紅秀峰」の土壌水分モデル

表6-2　「佐藤錦」「紅秀峰」の灌水の目安

品種名	項目	発芽〜開花期	開花期〜着色始期	着色始期〜収穫7日前	収穫7日前〜収穫期
佐藤錦	灌水時期（pF 値）	1.8	2.4	2.6	2.6
	1回の量の目安	20㎜以上	20㎜程度	1〜2㎜程度	
紅秀峰	灌水時期（pF 値）	1.8	1.8	2.0	2.4
	1回の量の目安	20㎜以上	20㎜程度	10㎜程度	5㎜程度

注）灌水時期（pF 値）：灌水を行なう目安。pF 値はテンシオメーターで測定する。
テンシオメーターは地面から30㎝の深さに設置し、先端の感知部分が土壌としっかり密着するようにする（図6-3参照）

写真6-2　水分不足で葉巻き症状を呈した「紅秀峰」

2 裂果防止対策

●裂果発生のメカニズム

①開いた気孔から雨水を吸水

オウトウ果実の表面はクチクラに覆われ、水をはじいて吸水しないように思うかもしれないが、実は果面に多くの気孔が点在し、この孔を通して吸水されることがある。果実が若いうちは気孔が開閉するので吸水は防げるが、果実が成熟してくると気孔の孔辺細胞が硬化し、開いたままの状態になる。そこに降雨があると、開いたままの気孔から果実内に雨水が吸水される。水を吸ってしまうと、果実内の膨圧（果実が膨れようとする圧力）が高まり、組織的に弱い雌ずいの痕や微細な傷が付いた部分が耐えきれなくなって裂けてしまう。これが裂果である（図6-5）。

さらに、成熟すると果実の糖分が多くなり、果汁の浸透圧が高まる。これによって雨水が果実内に吸水されやすくなることも、成熟（に近い）果実が裂果しやすい要因と考えられる。

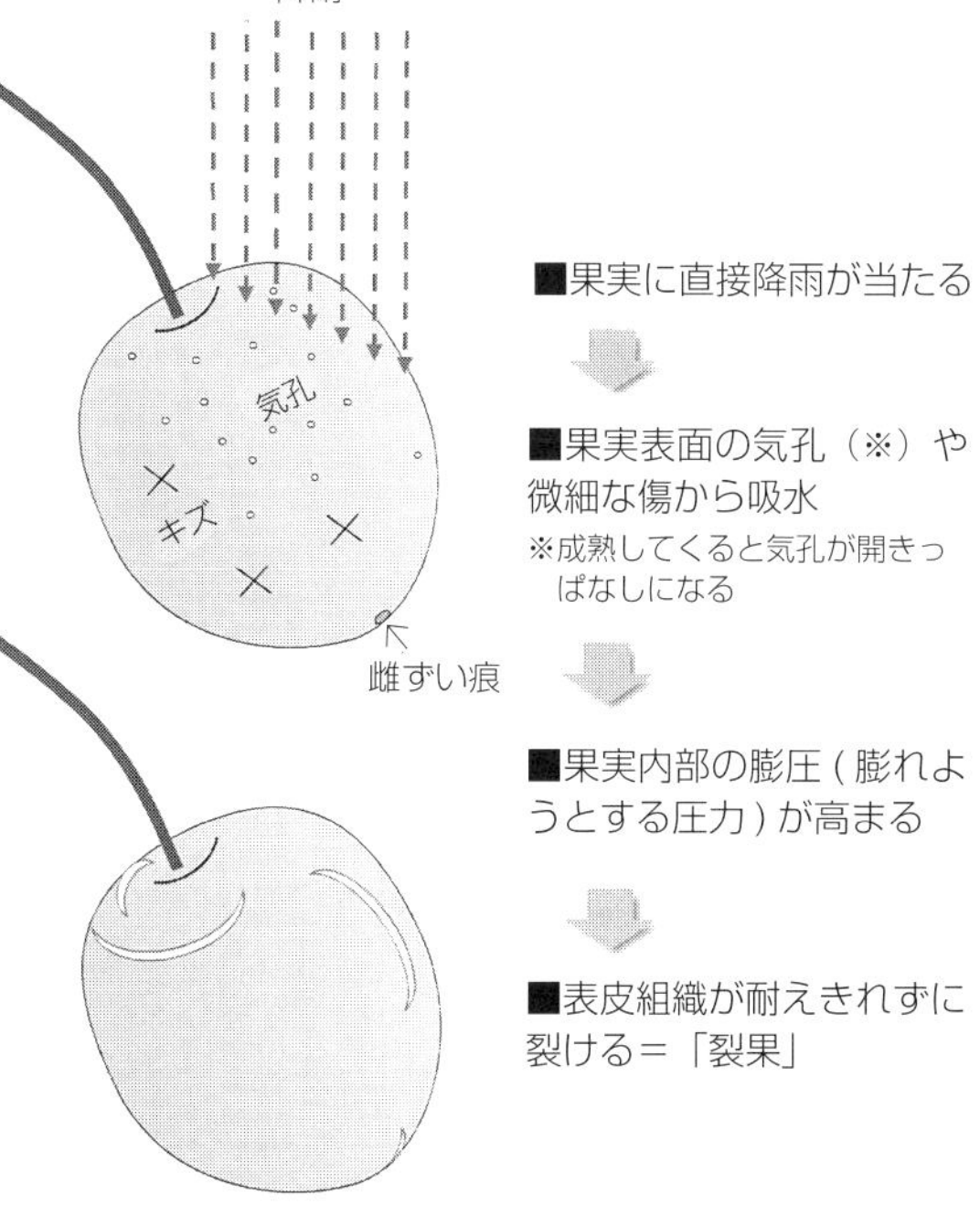

図6-5　裂果のメカニズム

②根からの急激な吸水でも裂果

果実に直接降雨が当たらなくても、根が吸収した水分で裂果することがある。しばらく干ばつ気味で経過したあと、大量の水を吸い上げた場合などに、果実の膨圧が急激に高まって裂果が発生してしまう。幼果の頃から適宜灌水し、適正な土壌水分を確保して、果実内の水分が急激に変化しないようにしておくことが重要である。

また、根から吸収した水分は、一部は葉の気孔から排出されるが、湿度が高いと気孔が閉じ、蒸散しきれなかった水分が果実内に流入して裂果を招くケースもある。園地内が過湿になりにくいよう、密植を避け、風通しを確保しておくことも裂果防止には重要である。

●雨よけ設備は必須

品種によっても、裂果しやすいものとそうでないものがあるが、現在栽培されている甘果オウトウでは、雨が当たれば、品種に関係なく必ず裂果するものと考えてほしい。したがってオウトウ栽培では雨よけ施設の整備が必須である（写真6-3）。

雨よけ施設は固定式のパイプハウス型が一般的である。一般的な施設は、

写真6-3　オウトウでは雨よけ施設は必須（写真は連棟式）
雨が当たれば、品種に関係なく果実は必ず裂果すると考えてよい

高さ5～6m、間口7～8mで、連棟もしくは単棟で設置する。横からの雨の浸入を防ぐことができる点で連棟式のほうが裂果防止効果は高く、防鳥ネットも設置しやすいことから、現在は連棟式が一般的である。ただし単棟式に比べ、施設内の温度が高くなりやすいので、風向きを考えて設置する。

●雨よけ被覆の時期と資材の選択

果実が、緑色の地色が抜けて黄色くなる頃（黄化期）裂果が発生しやすくなる。そこで雨よけ被覆は果実が黄緑色になったら行なう（山形県では5月下旬）。

被覆資材はさまざまな種類が販売されているが、着色にあまり影響しないフィルムを選ぶ（紫外線透過性が高く、曇りにくい素材）。また、日射や風に対して強度が十分であり、軽くて展張しやすいフィルムがよい。

一般にはポリエチレンフィルム（ＰＥ）製で、厚さが0・05～0・06㎜と比較的薄く、紫外線透過性が高いものが使用されている。近年は、ポリエチレンフィルムよりも軽く、強度も高い、ポリオレフィン（ＰＯ）を含んだフィルムが多く利用されるようになっている。ＰＥ資材より割高になるが、強風などに比較的強いことから利用する園地が増えている。

3 この時期、必要な防除

地域によってオウトウの生育ステージに差があるので、発生する病害虫は異なるが、炭そ病、褐色せん孔病の感染が始まり、カイガラムシ類、コアオカスミカメ、ハマキムシ類、ハダニ類などが発生し始める時期である。

さらに、5月下旬から収穫を迎える暖地では、灰星病やオウトウショウジョウバエなどにも注意が必要である。反対に5月に開花を迎える産地では、灰星病の重点防除時期にあたる。

地域で作成している防除基準を参考に、病害虫の発生状況に合わせ、希釈倍率や収穫前使用日数を順守してしっかり防除したい。

（以上、米野）

実際編

第7章 6月――着色期から収穫期の作業

着色管理、適期収穫

1 着色、品質向上管理

●受光態勢が重要な白肉品種

オウトウには、日本でおもに栽培されている果肉が白色〜クリーム色で、果皮が鮮紅（赤）色に着色する、いわゆる白肉品種と、外国産オウトウのように果肉が（濃）赤色で、果皮が暗赤に着色する、いわゆる赤肉品種がある。赤肉品種は、日当たりが多少劣った条件下でも着色が進むが、白肉品種は受光態勢が悪いと着色しない特性がある。

果実が着色するための色素アントシアニジンは、光合成でつくられた糖と結合して安定し、果実の着色が進んでいく。着色を促すには、葉が十分に光合成を行なえるよう、そして果実に光が当たるようにオウトウ樹の受光態勢を整える。

●重なり枝や下垂した枝は誘引

受光態勢を整えるには、基本的には枝が重ならないように整枝せん定を行なうことである。しかし収量や枝の勢力を考えると、側枝同士が重なってしまう場合も多々ある。幸い、オウトウの栽培では雨よけ施設がある。重なった枝はその支柱などを利用して、空いている場所に誘引してやる。

このとき、あまり細いひもで引っ張ると枝に食い込んでしまうことがあるので、マイカ線などを利用する。枝が折れないように結ぶ位置にも注意し、けっして無理やり引っ張らないようにする。

また、果実や枝の重みで枝が下垂してしまった場合も、受光態勢を悪くするので、枝の先端が上向きになるように吊り上げる。これらの誘引作業は、遅くとも着色始期までには終わらせるようにする。

●満開3〜4週間後に着色を促す新梢管理

着色を促す受光態勢はできるだけ早く整えてやることが重要で、新梢管理も早めに実施したほうがよい。とくに、大きなせん定痕や太い枝の基部、主幹部から発生し徒長的に伸びている新梢は、放っておくとすぐに長大化して、受光態勢を悪化させやすい。これらはまだ枝が柔らかい時期（満開3〜4週間後頃）に整理するようにする。その際、再伸長を防ぐため、基部からきれいにかき取るか、基部を残さずに切除する。

遅延開心形の成木の場合、主枝の長さの半分より基部側に発生した徒長的な新梢を整理する（図7-1）。それより先は比較的受光態勢が良好で、発生した新梢は翌年以降の結果部位として利用できるので、そのまま残しておいたほうがよい。

このような新梢管理をやってもまだ樹冠内が暗いとしたら、せん定で残した枝が多いということなので、暗い部分は2〜3年枝までの単位で間引き、改善する。

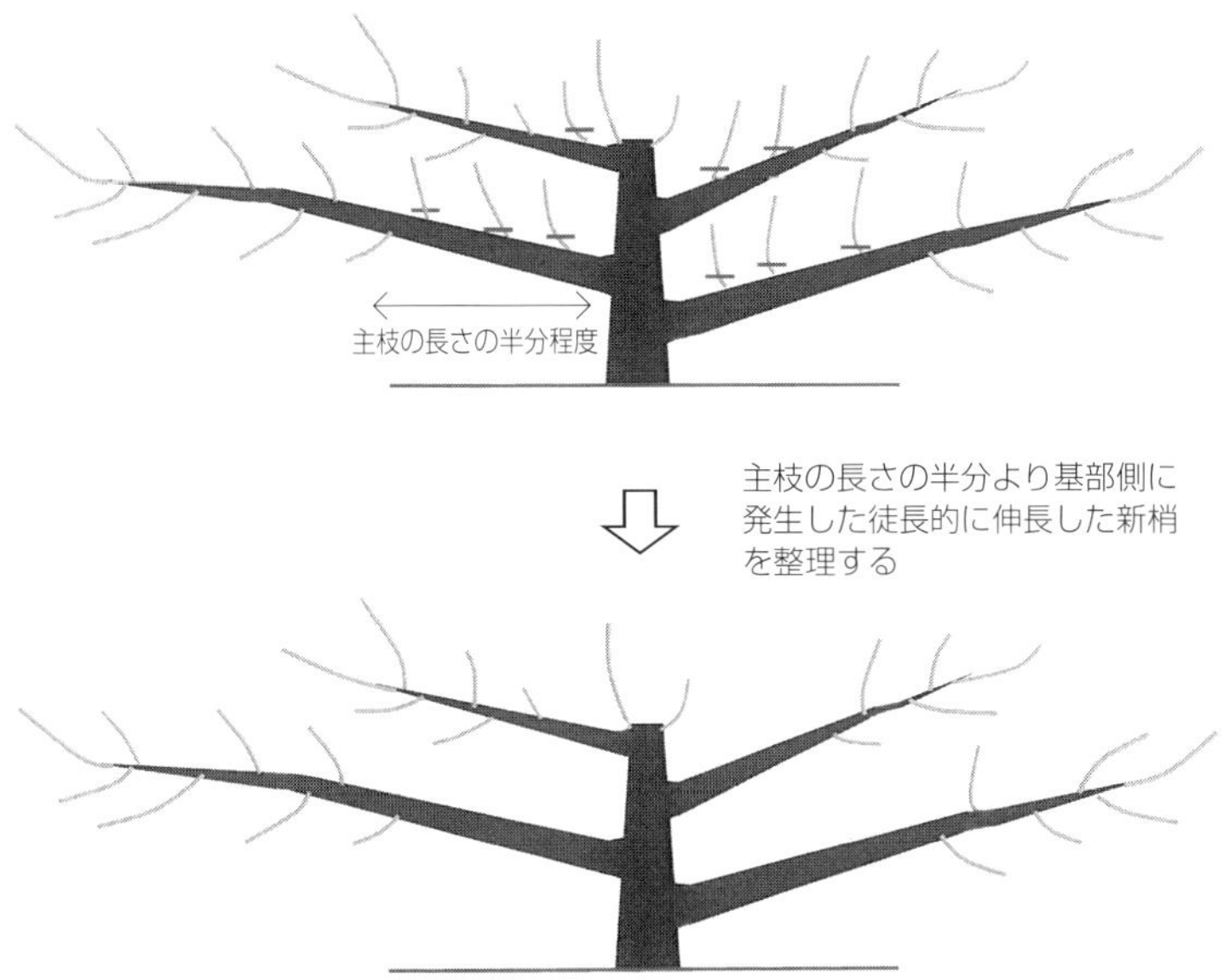

主枝の長さの半分程度

主枝の長さの半分より基部側に発生した徒長的に伸長した新梢を整理する

図7-1　徒長的に伸長した新梢の管理（模式図）

●反射マルチの効果的な使い方

①まず光が射し込む環境が前提

反射マルチは太陽の光を受け、果実の下側からも光を当てて着色を向上させる資材なので、地表面にある程度の光が射し込む条件でなければ効果を発揮できない。密植園や枝が込み合っている樹は縮伐や間伐をまず行なって、地表面に光が射し込むようにする。

②収穫2週間前、園地面積の50〜70%をカバー

反射マルチは、園地全体の50〜70%の面積をカバーするように、収穫2週間前頃に設置する（写真7-1）。反射マルチは均平に設置したほうが着色促進効果は高まる。そのため除草を行なってから設置する。

近年は地球温暖化の影響で、6月に30℃を超えるような日が続き、果実の高温障害が問題になっている。反射マルチの設置は雨よけ施設内の温度を上昇させ、ツヤなし果や萎凋果などの発生を助長する（写真7

写真7-1　園地全体の50〜70%の面積をカバーするように反射マルチを敷く

-4参照）。従来はシルバーマルチの設置が多かったが、近年この時期に30℃以上の高温が続くようになったことから、白色の反射マルチの使用が主流になりつつある。なお、収穫期に高温が続くような場合は、収穫前に反射マルチを撤去する。

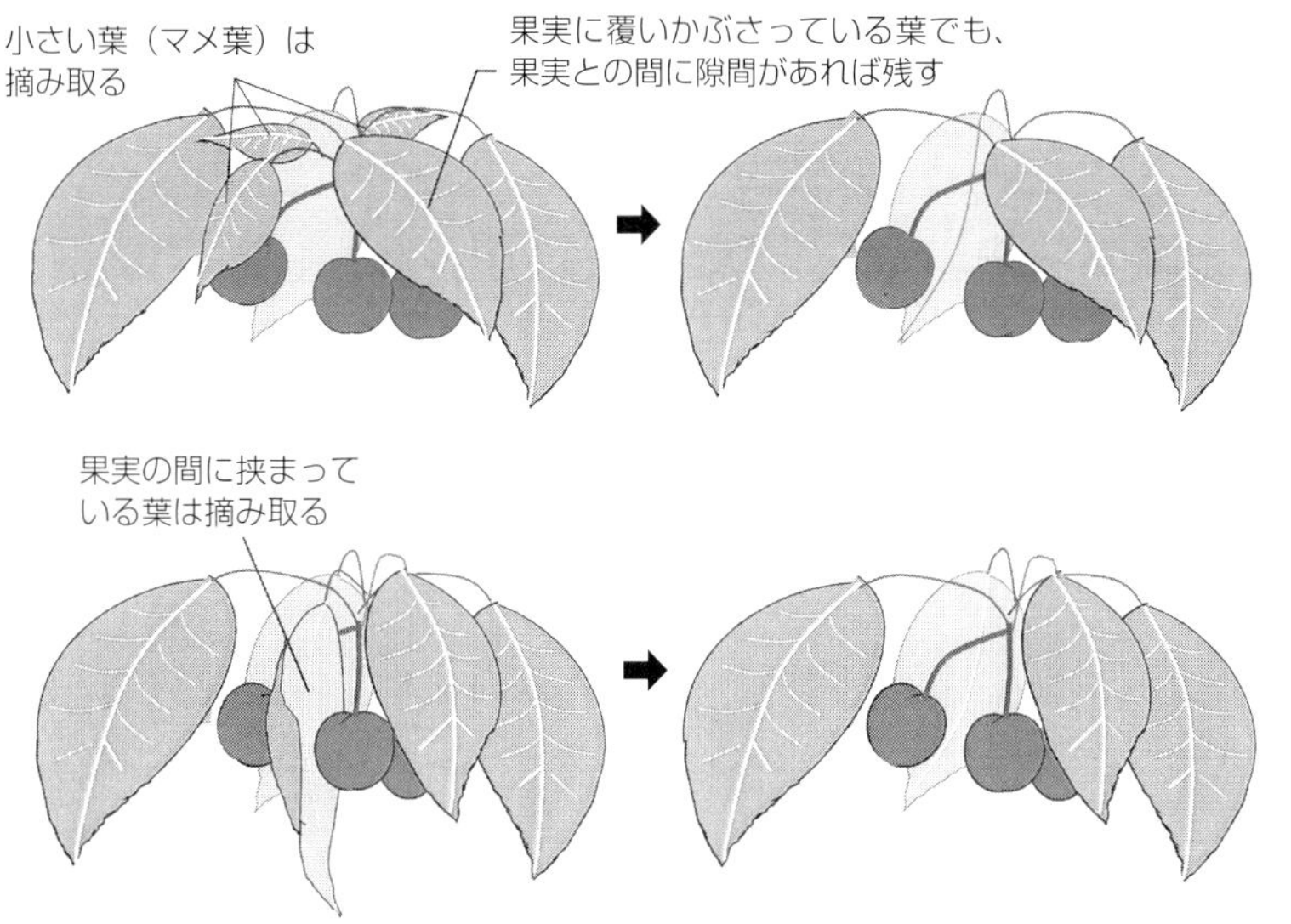

小さい葉（マメ葉）は摘み取る
果実に覆いかぶさっている葉でも、果実との間に隙間があれば残す
果実の間に挟まっている葉は摘み取る

図7-2　オウトウの葉摘みの方法
取るのは、マメ葉や果実の間に挟まった葉、果実に覆いかぶさっている葉のみ。果実に覆いかぶさっている葉も、直接くっついている葉のみとし、隙間があれば残す

●葉摘みと修正摘果

①葉摘みのタイミングと程度

仕上げ的な着色管理として、果実にかかる葉を摘んで果実に光をよく当ててやる葉摘みがある。しかし、着色には光合成の同化養分が必要なのである。摘み取る時期が早すぎると、かえって鮮やかな赤色に着色しにくくなる。葉摘みは、着色がある程度進んだ時期（収穫2週間前から1週間前頃）に実施する。

また、摘み取る葉の量が多すぎると、翌年の花芽の充実不良の原因となる。葉摘みは小さい葉（マメ葉）や果実の間に挟まった葉、果実に覆いかぶさっている葉のみとする。果実に覆いかぶさっている葉でも、摘み取るのは果実に直接くっついているもののみとし、果実との間に隙間がある葉は残す（図7-2）。樹勢が衰弱している樹では、葉摘みは厳禁である。

②葉摘みと一緒に修正摘果も

結実が良好であった場合は、きちんと摘果したつもりでも果実が大きくなり、着色が進んでくると着果が多い部分が目立つようになる。そうしたところはどうしても着色が劣るし、果実同士が接している部分は着色しにくい。そこで葉摘み時に修正摘果を実施する。

修正摘果は、肥大や着色の劣っているもの、果実同士がくっついている部分を摘み取る。摘み取った果実は、そのまま放置しておくとオウトウショウジョウバエの発生を助長するので、園外に持ち出して適切に処分する。

（以上、米野）

2 摘心と花芽の確保

●摘心の効果

オウトウは樹齢が若かったり、樹勢が旺盛だったりすると花芽形成が不良になる。とりわけ、経済栽培の南限とされる山梨県や長野県では新梢伸長が旺盛で、山形県など寒地に比べて花芽形成は遅れる傾向がある。その結果、結実が本格化するまで最短でも7〜8年が必要である。新規にオウトウ栽培に取り組む生産者には経済的なハンディキャップとなる。

花芽形成を促すには、枝の誘引や環状剥皮、断根などの物理的処理が有効だが、たとえば断根処理は大型の重機を使うなど作業が大がかりとなる。これに対し、捻枝と摘心は気軽に行なえて効果も高い。ただし、処理の時期と程度を間違えないようにする必要がある。

写真7-2　花芽形成を促す新梢の夏季せん定（摘心）
主枝・亜主枝などの延長枝以外で旺盛な生育をしている新梢は、基部の5〜6芽を残して摘心する

＊この時期の新梢管理の呼称は地域により異なり、山形県では「摘心」、山梨県では「夏季せん定」である

●6月中に基部に5〜6芽残して摘心

新梢の伸びは5〜6月がもっとも旺盛だが、6〜7月にかけては花芽分化が始まる。

表7-1　山形県、山梨県におけるオウトウの摘心・夏季せん定の区別

	光環境改善			樹勢調節 整枝 受光態勢改善
	着色管理 ※山梨県では花芽着生促進を含む	樹形改善 ※太枝整理		
山梨県	5/下〜6/上 夏季せん定（技術的には摘心）	6/下〜7/中 夏季せん定	9/上〜中 秋季せん定	1〜3月 冬季せん定
山形県	6/上 摘心	8/上〜下 夏季せん定		

この時期に新梢が旺盛に伸びていると、新梢基部に花芽は形成されにくい。そこで、6月中に新梢基部に5〜6芽残して先端をせん除する（写真7-2）と、良好な結果枝が確保できる。

摘心は、梅雨明け後の高温乾燥時には行なわない。山形県では6月上旬、山梨県では5月下旬〜6月上旬に行なう。

実施にあたっては、土壌水分や樹体内水分を十分に確保してから行なう。実施前に、10aあたり20㎜程度の灌水を行なう。梅雨が明けて高温になったら摘心は行なわず、収穫後の夏季〜秋季せん定で対応する（表7-1）。

●花芽だけにならないよう注意

ただ、気を付けなければいけないのは、オウトウの花芽はリンゴやナシと異なり、葉芽をもたない純正花芽であること。摘心で花芽形成を優先すると、すべてが花芽になって翌年以降の再生産が可能な葉芽が確保できなくなる。継続して使える結果枝をつくるには、処理枝の先端が葉芽となる摘

花芽分化に年次間差は少ない

「高砂」「佐藤錦」「ナポレオン」の3品種を使い、花芽分化の年次変動を調べたところ、4～5月の気温が高いと花芽分化の開始は早くなり、また花芽分化の進行には品種間差が認められた。花芽分化Ⅱ期までの分化初期段階は、「高砂」「佐藤錦」「ナポレオン」の順に分化が進んだが、がく片期以降は「佐藤錦」と「高砂」で順位が逆転した。この分化発達の品種間差異は年次による変動はない。

本文でも述べているように、花芽形成を促進する摘心の処理適期は5月下旬～6月上旬。この時期、ほとんどの芽は分化Ⅱ期までの範囲にある。しかし、今後、4～5月の気温が高く推移するような場合、花芽分化の進行もやや早まり、摘心の適期も前進化する可能性がある。しかしその場合に、品種間差を考慮する必要はないと考えられる。

心を行なう必要がある。山梨県では、6月中に新梢を5～6芽残して切ることで摘心した処理枝の先端芽が葉芽になる割合、および先端芽を除いた芽が花芽になる割合が高くなる。

なお、摘心後に強い二次伸長を示す新梢は、秋季せん定で再度摘心するか、切り戻しておけば翌年の実どまりへの影響が少ない。

また、摘心など新梢管理ではすべてを一律に切るのではなく、50cmほどの間隔で手をつけない枝を残しておくとよい。翌年以降、葉芽があるところには花束状短果枝がつくので、適当な長さに切って結果枝として利用できる。（以上、富田）

3 収穫と鮮度保持

●適期収穫の目安は満開後日数

雨よけ施設の普及で裂果の心配が少なくなり、完熟まで果実をならせておくことができるようになった。しかし果実は完熟すると傷みやすい。適期に収穫することが重

表7-2　山形県における主要品種の収穫期（山形農総研セ園試）

	満開期	6月							7月			満開期から収穫期までの日数
		1日	5日	10日	15日	20日	25日	30日	5日	10日	15日	
紅さやか	4/28											42
紅ゆたか	4/29											47
高砂	4/29											51
佐藤錦	4/30											54
紅きらり	4/30											61
紅秀峰	4/27											66
ナポレオン	4/29											65
紅てまり	4/29											71

注）満開期は、2006～2015年の平均値。ただし、「紅ゆたか」「紅きらり」は2009～2015年の平均値

要である。

オウトウでは満開後の日数が収穫期の目安となる（表7-2）。この目安はおおむね一定しているが、生育中高温で経過した場合や、逆に低温で経過した場合など若干前後する。

収穫で注意しなければいけないのがウルミ果である（写真7-3）。果皮に透明感があり、果肉が水浸状になって軟化する症状で、市場や小売店で大いに敬遠される。「佐藤錦」など比較的果実が軟らかい品種で発生しやすく、収穫が遅れるほど症状は顕著になる。ウルミ果が発生する前に収穫を終えられるよう、着色管理を徹底する。着色期が高温で経過した場合など、着色が進まなくても果実の熟度は進むので、このようなときは着色を待たずに収穫を進めたほうがよい。

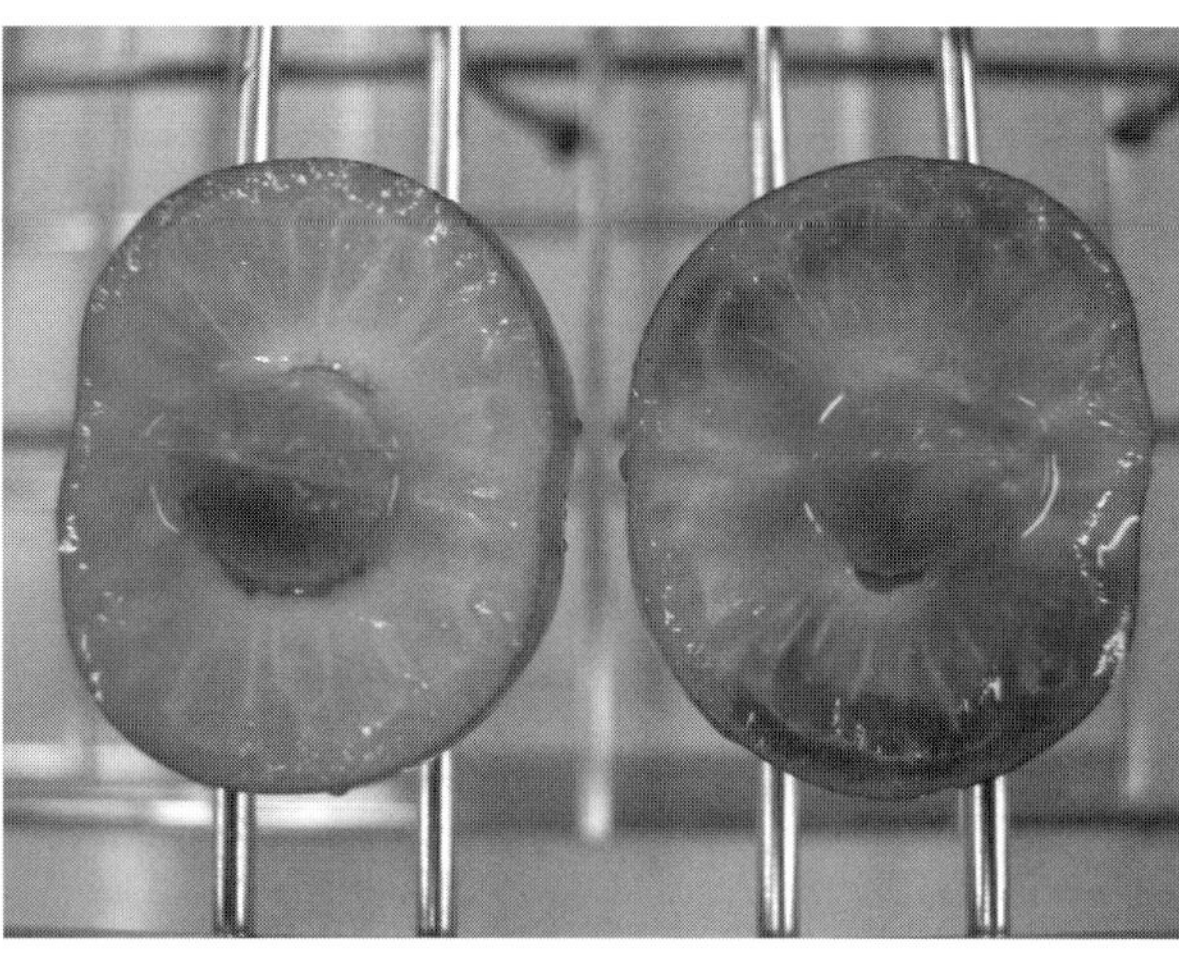
写真7-3　ウルミ果（右）と正常果（左）

一度収穫に入った樹は、残した果実が軟化しやすくなる。そのため、着色のよい果実から何度も選んで収穫するようなことはせず、1本の樹は2回程度の収穫で取り終える。

●収穫は早朝の涼しいなかで

オウトウの収穫期は比較的気温が高く、とくに6月下旬からは30℃を超える高温が続く場合が珍しくない。気温とともに果実の温度も高まり、収穫後の日持ちに影響するので、気温の低い早朝に収穫するのがよい。やむを得ず気温が高くなってからも収穫しなければならない場合は、収穫した果実を速やかに日陰に運び、果実温度を下げてやる。

収穫作業に使用するカゴは、内側に布などを敷いて傷果の発生を防ぐ。果実コンテナも、できるだけ底の浅いものを使用して、果実の重なりによるオセ果（押し傷果）の発生を防ぐ。

●鮮度保持の方法

収穫期前半の果実は、鮮度保持にそれほど気を使う必要がない。しかし終盤になると果実が軟らかくなり、日持ち性、輸送性が低下してくる。可能であれば冷蔵庫（15～20℃）で予冷し、果実温度を十分に下げてから選果・箱詰めを行なう。

また、宅配などで直接消費者に送る場合、収穫期前半の鮮度の高い果実で、翌日の配達なら常温で発送してもまったく問題がない。むしろ、冷蔵便だと冷えた果実が急に常温に置かれることで結露し、品質低下を招いてしまう。

しかし気温が高い時期で（山形県では6月下旬以降）、収穫期終盤の果実や配達まで2日以上かかるような果実は冷蔵便で対応したほうが安全である。

4 汚損果、鳥獣害、高温対策

●果実汚染の回避に努める

収穫直前から収穫期にかけて、灰星病やオウトウショウジョウバエの防除が行なわれるが、果実に薬斑などがつかないように注意する。産地で作成される防除基準は果実汚染も考慮して作成されているが、農薬の容器の注意事項を熟読し、果実汚染に関する記述のない薬剤を使用する。

また、散布量はやや少なくして、動力噴霧器の場合は広角で薬液が細かい霧状になるように散布し、スピードスプレーヤならファンの風力を弱め、走行スピードをやや速めて散布する。

●ハクビシン、クマに要注意

果実が熟してくると、ムクドリ、スズメ、ハクビシンなどによる食害が発生する。

ハクビシンは果実を丸呑みし、果梗が樹に残るという特徴があり、雨よけ施設の雨樋に多数の種を含んだ糞を残す。一方、ムクドリやスズメの場合は、果実にくちばしで突ついた傷が残る程度であるが、これだけでも商品性はなくなる。

鳥獣害対策の基本は、雨よけ施設全体を防鳥ネットでしっかり覆うことだが、少しでも隙間があると施設内に侵入される。とくにハクビシンは地際部の隙間から侵入するケースが多いので、防鳥ネットの裾部分に金属製の直管パイプをのせておくなどして隙間をなくす。

また、中山間地のオウトウ園では近年、クマによる被害が発生している。防鳥ネットに果実が接していると、クマはその実を食べようとネットを破って施設内に侵入し、大量の果実が食害される。果実の被害に加え、枝の折損も発生する。それだけでなく、場合によっては人間にも危害を及ぼす恐れもあるため、周囲に電気柵をめぐらすなどして十分注意する。

写真7-4　高温障害による萎凋果
（品種：「紅秀峰」）

●高温対策

前述したように収穫期に、果実の萎凋、果皮のツヤの消失などの高温障害が近年多発している（写真7-4）。とくに雨よけ施設のアーチ部分の温度が高くなり、樹冠上部の日当たりのよい箇所で発生しやすい。樹高をやや低くして、アーチ部分に結果部位を配枝しないよう対策が必要だが、30℃以上の高温が続くとそれだけでは間に合わず、さらに低位置に着果した果実でも高温障害を受ける場合がある。

こうした高温障害を軽減する方法に細霧噴霧がある。細霧噴霧は、雨よけ施設の峰部分に、1.5m間隔で細霧噴霧ノズルをV字

図7-3　高温障害を軽減する細霧噴霧システム
雨よけ施設の峰部に、直径0.3㎜の噴霧ノズルが1.5m間隔で下向きV字状に2個付いた高圧フレキシブルパイプを設置。タンクから電動ポンプ（噴霧圧45kgf/㎠）で水を流すと、ノズルから細かい霧が噴霧される（商品名：クールミスティ）

写真7-5　V字状に取り付けられた細霧噴霧ノズル

状に2個ずつ取り付けた高圧フレキシブルパイプを設置し、樹上から細霧を噴霧する方法である（図7-3、写真7-5）。施設内の気温が低下するとともに、気化熱により果実温度が低下し、高温障害が軽減される（表7-3、表7-4）。

（以上、米野）

表7-3　細霧噴霧間隔と気温低下効果（無処理との差）
（山形農総研セ園試、2012）

1分噴霧－2分休止（515ℓ/h/10a）		1分噴霧－3分休止（386ℓ/h/10a）		1分噴霧－5分休止（258ℓ/h/10a）	
上部	下部	上部	下部	上部	下部
-1.3℃	-0.6℃	-0.7℃	-0.1℃	-1.1℃	-0.4℃

表7-4　樹幹上部の果実温度低下効果（山形農総研セ園試、2012）

平均温度（℃）		最高温度（℃）		果実温度低下効果（℃）	
細霧処理	無処理	細霧処理	無処理	平均	最大
30.3	32.3	35.5	36.4	-2.0	-6.1

注）噴霧は1分噴霧・5分休止（258ℓ/h/10a）で実施

花芽の異常分化と双子果
——もう一つの夏の管理

通常、雌ずい（雌しべ）は1本であるが、2本、場合によっては3本ある花が着生することがある。2本あるものがそれぞれ受精すると双子果になる。双子果は、花芽分化期に高温で乾燥した年の翌年に多いことが経験的に知られている。

奇形花に起因する双子果の発生は品種によって差がある（表7-5）。最近の気象条件下での観察で、山形県では双子果の発生が「紅秀峰」に多く見られ、「ナポレオン」は「佐藤錦」に比べてやや多い。発生程度は、「紅秀峰」>「ナポレオン」>「佐藤錦」の順になる。また、同じ品種でも栽培地域によって発生程度は異なり、山形県育成の「紅てまり」は山形県では少ないが、山梨県では中程度の「佐藤錦」よりやや多い。

山梨果樹試では人工気象室を使った高温と乾燥の再現試験から、前年の7～8月に高温と乾燥が重なると多雌ずい化を助長することを確認している（表7-6）。

雌ずい以外にも奇形が発生し、極端な場

合は花弁の数が少なかったり、花糸と花弁が付着し癒合したものや、葯の上部から雌ずいが形成されたり、見当もつかないような奇形が出ることもある（写真7-6）。

このように、花芽分化期に高温や乾燥による水分ストレスから花芽の異常分化がおこり、雌ずいの奇形や花弁の奇形が発生すると推察される。同じ年でも、地域や場所によっても発生が著しく異なる。また、同一樹でも方位によって発生が異なり、北側は少ない。

（以上、富田）

表7-5　品種別の双子果発生程度の比較　（山形園試、1986より一部抜粋）

発生程度	品種
甚	ジャボレー、チャップマン、紅秀峰
中	佐藤錦、ナポレオン、南陽、ビック、ビング
少	レーニア、大紫、コンパクトステラ、コンパクトランバート
極少～無	高砂、黄玉、日の出、イングリッシュモレロ

注）甚:10%以上、中：1～5%未満、少：1%未満

表7-6　前年の温度および土壌水分が2雌ずい花と他器官の奇形発生率に及ぼす影響　（山梨果樹試、2006）

処理区	調査花数	2雌ずい花率（%）	その他の奇形発生率（%）	
			雄ずい	花弁
35℃・乾燥	354	27	38	24
35℃・灌水	310	14	14	6
28℃・乾燥	340	3	8	1
28℃・灌水	347	0	0	0

・「佐藤錦」5年生ポット植え、各区3樹を供試した
・処理期間は7/9～8/31
・人工気象室の温度体系は、昼温（8時～17時）を35℃と28℃に設定し、夜温は19時（25℃）→7時（20℃）の4段の変温とした
・乾燥区はpF2.7～2.9を目安に週1回、灌水区はpF2.0～2.2を目安に1日おきに灌水した

写真7-6　極端な高温・乾燥による花器の奇形
葯の上に雌ずいが形成されている（矢印）

実際編

第8章 おもな病害虫と生理障害

病害虫の発生時期や防除タイミングは産地によって異なり、一概にはいえないが、参考までに山形県の基本的な防除時期と対象となる病害虫を示した（表8-1）。

主要病害の防除ポイント

1 灰星病

病徴と発生経過　開花期に花全体が淡褐色に腐敗し、そこに形成された胞子が二次的に果実に感染し、腐敗させる。幼果では微細な病斑が発生するが、病徴は成熟果になるまでほとんど進展しない。成熟果では、微細な病斑が急速に果実全体に拡大して腐敗し、大量の分生胞子が密生してできた灰色の粒のようなものが多数見られる（写真8-1）。灰星病の被害果はやがて地表面に落下して、あるいはミイラ果となって樹上に残り、翌年の感染源となる。

防除法　地上に落ちた発病果が地表面で菌核（菌の塊）をつくり、それが翌春キノコ

表8-1　オウトウ防除基準例（山形県の場合）

防除時期	防除対象となる病害虫
休眠期（3月）	炭そ病、灰星病、カイガラムシ類、ハダニ類
開花直前（4月下旬）	灰星病、炭そ病
満開3日後（5月上旬）	灰星病、褐色せん孔病、炭そ病
満開15日後（5月中旬）	褐色せん孔病、灰星病、炭そ病、カメムシ類
満開25日後（5月下旬）	灰星病、褐色せん孔病、炭そ病、ウメシロカイガラムシ、ハダニ類
満開35日後（6月上旬）	灰星病、（炭そ病、褐色せん孔病）
着色始期～収穫期（6月中～下旬）	灰星病、（炭そ病、褐色せん孔病、アルタナリア果実腐敗症）、オウトウショウジョウバエ
収穫後直後（7月上旬）	褐色せん孔病、（炭そ病）
梅雨明け後（7月中～下旬）	褐色せん孔病、（炭そ病）、ハダニ類
〃（8月中旬）	褐色せん孔病、（炭そ病）、ウメシロカイガラムシ、（ケムシ類、コスカシバ）
落葉後（11月下旬）	樹脂細菌病、褐色せん孔病、コスカシバ

（子のう盤）をつくり、新たな感染源になる。落葉後の浅めの土壌耕耘や、翌春、開花直前の消石灰散布（100kg／10a）は感染源を減らすために効果がある。樹上に残ったミイラ果も翌年の感染源となるので、せん定時などに除去し、園外に持ち出して処分する。

薬剤防除では、休眠期、開花直前、満開3日後および成熟期が重点時期となる。休眠期には石灰硫黄合剤10倍液をしっかり散布し、その他の時期も各産地の防除基準にしたがった薬剤を散布する。なお、成熟期は収穫前日まで使用できる薬剤を用いるようにし、果実汚染に十分注意する。

写真8-1　灰星病の被害果（熟果腐れ）
分生胞子が密生してできた灰色の粒状のものが多数見られる

2 褐色せん孔病

病徴と発生経過　山形県では5月下旬から6月上旬に葉上に紫褐色の小病斑が発生し始め、その後拡大し、褐色の円形病斑を形成する。病斑は1～5㎜で、健全部との境に褐色の離層が見られ、病斑表面には灰黒色の小点（担子梗子座）が形成される。梅雨明け後の7月から8月にかけて症状が甚だしくなり、最終的には離脱して穴が開くが（せん孔）、ほとんどの場合、せん孔前に黄変落葉し（9～10月）、翌年の感染源となる（写真8-2）。

写真8-2　褐色せん孔病の被害葉
7～8月に症状が甚だしくなり、ほとんどの場合、せん孔する前に黄変落葉する

防除法　落葉した被害葉の病斑部に小さな黒点（子のう殻）が形成されて越冬し、翌春、子のう胞子が飛散して、新しい葉に感染する。そのため、落葉後に行なう浅めの土壌耕耘などが耕種的防除として効果的である。

本病害を防止するには、生育初期から7月までの防除を確実に実施することである。この時期は、灰星病の防除時期とも重なるので、両方に効果のある薬剤を使うか、褐色せん孔病に効果のない薬剤の場合は、果実黄化期前であればキャプタン剤を加用するとよい。

3 炭そ病

病徴と発生経過　開花期頃から7月末まで胞子が降雨により飛散し、開花期と収穫期にとくに多くなる。最初、若い柔らかい葉に感染し、茶褐色の円形病斑（A型）が形成されるが、その後、増加は見られない。

収穫直前の6月中旬になると、葉上に大小さまざまな黒褐色不整形病斑（B型）が見られ、この病斑で胞子が形成され二次感染源となる。黒褐色不整形病斑は7月下旬以降に増加し、葉やけ状の病葉が見られるようになる。葉柄基部まで侵されると落葉し、その基部の芽（花束状短果枝）まで枯死し、

写真8-3　炭そ病の被害果（左）と葉（右）
茶褐色の円形病斑（A型）が見られる葉。果実は収穫7～10日前頃に発病が多い

翌年の感染源となる（写真8-3）。

病原菌は10～30℃で生育し、20～25℃（最適温度は25℃）で旺盛になる。このため幼果の時期は発病が少なく、収穫7～10日前頃から多くなる。収穫時に病徴が見られなくとも、輸送中などに発症することがあるので注意する。

防除法　せん定時に樹上で枯死している花束状短果枝や、開花期になっても発芽してこない花束状短果枝は、炭そ病の感染源となる可能性があるので、せん除する。また、被害果は見つけ次第摘み取って処分するなど、感染源をできるだけなくすようにする。

炭そ病の発生時期は、灰星病のそれとも重なることから、両方に効果のある薬剤を使うか、炭そ病に効果のない薬剤の場合は、果実黄化期前であればキャプタン剤を加用して防除する。

4 幼果菌核病

病徴と発生経過　開花期に病菌が雌ずいの柱頭から侵入し、幼果が茶褐色～褐色に腐敗し、果梗まで褐変する。灰星病と同様に開花期に降雨が多いと発病が多くなる。発病した幼果は、シワがよってしぼみ、少量の灰白色の胞子塊を形成する。灰星病の幼果の被害に似るが、胞子塊の色が灰星病より白っぽいことと、灰星病のように大量の密集した胞子塊をつくらないこと、さらに、まとまって発症せず、被害果が一果一果独立していることなどで区別できる。

また、未展開葉や展葉まもない葉では、全面あるいは部分的に茶褐色の病斑をつくり、葉脈、葉柄に灰白色粉状の胞子塊がつくられる。

二次感染はしないが、落果した発病果が地上で菌核をつくり、越冬後、翌春に子のう盤（キノコ）をつくり新たな感染源となる。また、ケイオウザクラ（啓翁桜）やヤマザクラなどで発生した分生胞子が飛散して、オウトウに感染することがある。

防除法　樹上で発生した被害果を摘み取り、園外にもち出して処分することが、翌年の感染源を減らすために有効である。また、周辺にケイオウザクラやヤマザクラな

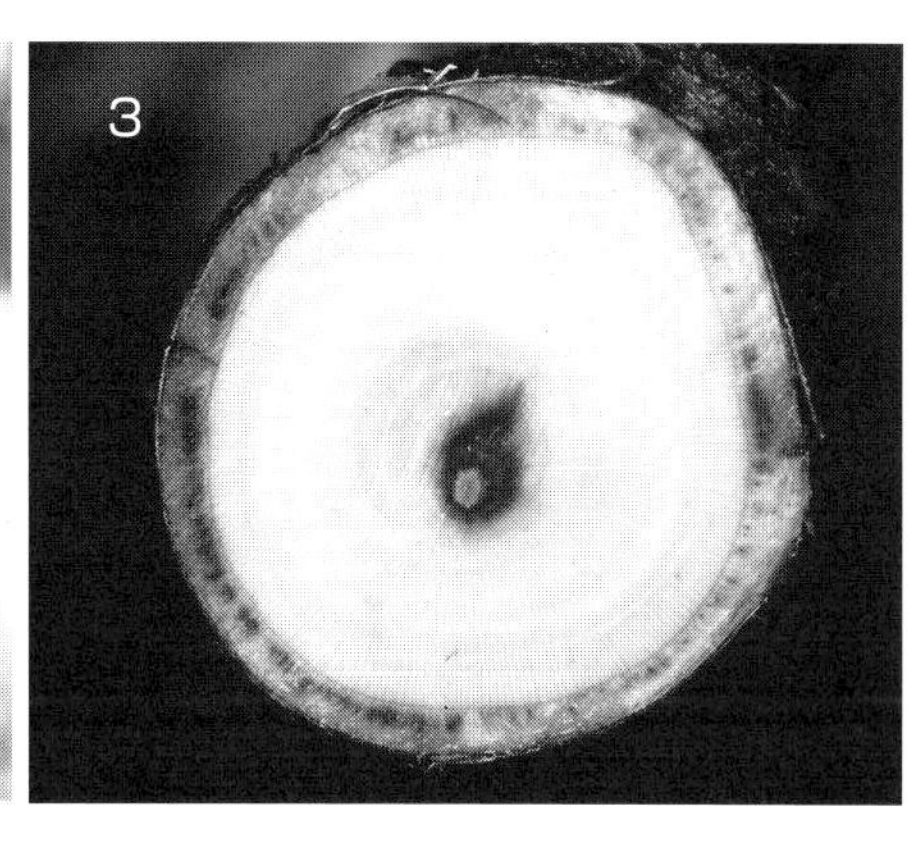

写真8-4　芽枯病（高接ぎ病）の症状
（1）芽基部の維管束が褐変、（2）6月以降は葉にも斑点が現われる、（3）発病樹の皮層部分はすじ状に褐変している

表8-2　芽枯病感受性品種と潜在性品種

感受性品種	潜在性品種
佐藤錦、紅秀峰、紅さやか、南陽	ナポレオン、高砂、大将錦、香夏錦

注）感受性品種は感染すると発病するが、潜在性品種は感染しても発病しない

どが植栽されている場合は、これらのサクラの罹病した葉そうを摘み取り、園外にもち出して適切に処分する。薬剤による防除は灰星病と同時防除となるが、幼果菌核にも効果のある薬剤を使用するとよい。

5 芽枯病（高接ぎ病）

病徴と発生経過　接ぎ木によって伝染し、高接ぎ1年目に葉で病徴が見られ、多くの場合2年目に芽枯れが発生する。感受性品種でのみ発生する（表8-2）が、感染すると芽基部の維管束が褐変し、不発芽や発芽遅延を引き起こす。6月以降、葉でも症状が現われ、1cm程度の赤褐色から褐色の不整形斑点と黄色の斑点（モットル）が見られ、病徴は炭そ病と似る。発病樹の枝幹部の表皮を削ると、皮層部分はすじ状に褐変している（写真8-4）。

防除法　病原体が未確定で、被害樹の回復処置方法がないことから、高接ぎを行なわないようにする。

6 樹脂細菌病

病徴と発生経過　*Pseudomonas* 属の3種類の病原細菌（*P.s.pv.syringae*, *P.s.pv. viridiflava*, *P.s.pv.morsprunorum*）が関与しており、枝幹部や芽の感染時期は秋冬季～春季と考えられ、枝の表面の傷口などから侵入する。感染した枝幹部は春に褐色で円形の病斑を生じ、やがて陥没し、皮下の皮層は縦長楕円形に褐変する。緑色の健全部との病斑部との境目は明瞭であるが、春先の境界部分は緑色水浸状になっており（写真8-5）、芽が感染した場合は、芽が枯死して発芽できなくなる。ただし病原細菌が *P.s.pv.morsprunorum* の場合、芽枯れから枝枯れまで進展する。また、*P.s.pv. morsprunorum* は、葉でも唯一病斑を形成し、はじめハロー（黄色っぽくぼんやりとした部分）の中に褐色不整形斑点を形成し、のちに黒色となりせん孔する。

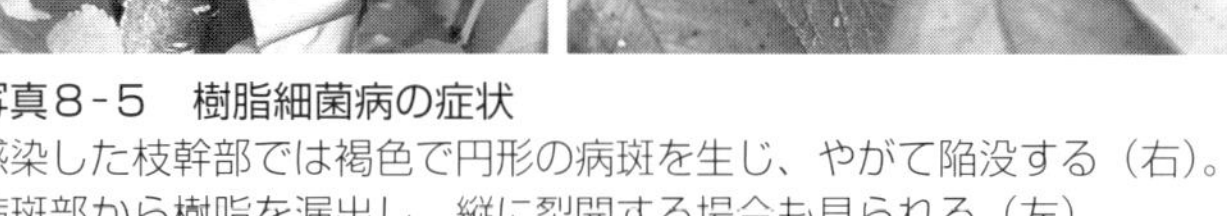

写真8-5　樹脂細菌病の症状
感染した枝幹部では褐色で円形の病斑を生じ、やがて陥没する（右）。病斑部から樹脂を漏出し、縦に裂開する場合も見られる（左）

なお、葉での感染は発芽後から新梢伸長停止期まで継続し、先端の葉ほど発病しやすい。

防除法　風当たりが強いと本病に感染しやすいことから、防風ネットを設置する。また、病斑は見つけ次第、健全部を含めて大きく削り取り、癒合剤を塗布する。削り取りは7月下旬まで実施可能だが、6月下旬までに行なうと、その後の癒合が良好である。また、枯死樹や枯死枝は早めにせん除し、適正に処分する。

枝や幹の病斑はおもに休眠期に拡大するので、まず感染を予防する観点から落葉後に銅水和剤（ICボルドー66D）を散布するとともに、他病害との同時防除を兼ねて休眠期（3月）に石灰硫黄合剤を散布する。また、幼木での発生は致命的な被害になりやすいので、発生が見られたら4～5月にオキシテトラサイクリン剤（商品名：マイコシールド水和剤）を散布する。

7 根頭がんしゅ病

病徴と発生経過　土壌中に生息する病原細菌によって引き起こされる。オウトウのみならず、さまざまな植物で感染し、根や地際部にコブ（がんしゅ）を形成する。細菌は根の傷口から侵入して植物体の細胞に取り付き、遺伝子情報を書き換えられることでコブが発生する。コブははじめ白色で軟らかいが、古くなると黒褐色で硬くなり、不整形の数cmからこぶし大になる。

砂丘畑のような通気性のよい場所で発生が多く、侵されると地際部からヒコバエが数多く伸びるようになる。また次第に樹勢が衰弱し、最終的には枯死に至る。樹勢を弱らせないように管理することが重要である。

台木別では、アオバザクラ台よりもコルト台で発生しやすい。ただし、アオバザクラ台では発病すると急激に樹勢が落ちて枯死する場合が多いが、コルト台はもともと強勢なので発病しても急激に衰弱することはほとんどない。

防除法　多発園地に植栽するとどうしても発生が多くなる。本病の発生が見られない園地を選ぶか、場合によっては植え穴の土を入れ替えるなど、植物体がなるべく病原細菌に感染しないようにする。また、細菌は根の傷口から侵入するので、植え付ける際は根を傷めないように注意する。

オウトウでは、植え付け前にアグロバクテローズラジオバクター剤（商品名：バクテローズ）20倍液に根部を1時間浸漬処理

表8-3　満開後～収穫期に使用するおもな殺菌剤一覧（2019.10.1 現在）

系統	薬剤名	希釈倍数（倍）	適用の有無 灰星病	幼果菌核病	炭そ病	褐色せん孔病	アルタナリア果実腐敗症（黒斑病）	使用時期	使用回数	おもな使用時期
A	オーソサイド水和剤	800	●		●	●		収穫３日前まで	５回以内	開花期～５月下旬
B	ロブラール水和剤	1,500	●					収穫前日まで	３回以内	開花期
	ロブラール 500 アクア	1,500	●					収穫前日まで	３回以内	開花期
	スミレックス水和剤	1,500	●					収穫 14 日前まで	３回以内	開花期
C	インダーフロアブル	5,000	●	●				収穫前日まで	２回以内	成熟期 （着色始期～収穫期）
	スコア顆粒水和剤	2,000	●					収穫前日まで	３回以内	開花期
	サンリット水和剤	2,000	●	●				収穫前日まで	３回以内	開花期
	ラリー水和剤	2,000	●					収穫３日前まで	３回以内	開花期
	ルビゲン水和剤	3,000	●					収穫３日前まで	３回以内	開花期
	アンビルフロアブル	1,000	●					収穫７日前まで	１回	開花期
	オーシャインフロアブル	3,000	●	●		●		収穫前日まで	５回以内	成熟期 （着色始期～収穫期）
	オンリーワンフロアブル	2,000	●		●	●	●	収穫前日まで	３回以内	成熟期 （着色始期～収穫期）
	トリフミン水和剤	1,500	●					収穫 14 日前まで	２回以内	開花期
D	アミスター 10 フロアブル	1,000	●		●	●		収穫前日まで	３回以内	５月下旬～６月上旬
	ナリア WGD	2,000	●	●	●	●	●	収穫前日まで	３回以内	開花期、成熟期
E	パスワード顆粒水和剤	1,500	●					収穫前日まで	２回以内	開花期
F	ベルクート水和剤	1,000	●					収穫７日前まで	３回以内	５月下旬～６月上旬

注）系統「A」を除き、それ以外の系統では総使用回数を２回以内とし、基本的に同一薬剤の使用は年１回とする。やむを得ず２回使用する場合も連用しない
オーソサイド水和剤は、褐色せん孔病や炭そ病対策として、開花期の防除で灰星病剤と混用する事例が多い
「山形県病害虫防除基準」より抜粋

すると、本病の発生を抑制する効果が確認されている。

8 アルタナリア果実腐敗症（黒斑病）

病徴と発生経過　アルタナリア属菌（*Alternaria* sp.）は、腐生菌として空中、土中さらに枯死植物体上など、どこにでもいる雑菌で、オウトウに限らずさまざまな果樹、野菜に被害をもたらす。オウトウでは成熟果での発生が多く、菌はおもに傷口から侵入するため、雌ずい痕付近（とくに微細な裂果がある場合）に黒色や灰褐色のカビを発生させる。収穫果実で発生が見られなくても、出荷容器内の湿度が高くなって発生する場合や、輸送中の果実に押し傷やすれ傷ができて発生する場合もある。

防除法　灰星病との同時防除として本病に適用がある薬剤（表8-3）を収穫前に散布する。また、果実の熟度が進むと発生しやすいので、収穫が遅れないことが本病を防止するもっとも基本的な対策である。

表8-4　休眠期～開花直前および収穫後に使用するおもな殺菌剤一覧（2019.10.1 現在）

薬剤名	希釈倍数（倍）	適用の有無				使用時期	使用回数	おもな使用時期	注意事項
		灰星病	炭そ病	褐色せん孔病	樹脂細菌病				
石灰硫黄合剤	10	●	●			発芽前	－	休眠期	
IC ボルドー 66D	40	●	（●）	●	●	－	－	開花直前、収穫後、落葉後	
チオノックフロアブル トレノックスフロアブル	500	●	●	●		収穫 21 日前まで	5 回以内（ただし萌芽後は 2 回以内）	開花直前	
オキシラン水和剤	600			●		収穫終了後～落葉期まで	3 回以内	収穫後	キャプタンを含む
ムッシュボルドー DF	500			●		収穫後	－	収穫後	散布時はクレフノン加用
ドキリンフロアブル	800			●		収穫終了後～落葉期まで	3 回以内	収穫後	
キンセット水和剤 80	1,000			●		収穫終了後～落葉期まで	3 回以内	収穫後	散布時はクレフノン加用
オキシンドー水和剤 80	1,200			●		収穫終了後～落葉期まで	3 回以内	収穫後	
コサイド 3000	2,000			●		収穫後	－	収穫後	散布時はクレフノン加用
ベンレート水和剤	3,000			●		収穫 3 日前まで	2 回以内	収穫後	

注）「山形県病害虫防除基準」より抜粋

主要害虫の防除ポイント

1 オウトウショウジョウバエ

生態と被害　成虫態で落葉の間などで越冬し、年間十数回発生するが、オウトウでは2～3回の発生である。オウトウへの加害は果実が成熟する直前から収穫期までに集中し、とくに7月に入ると被害が急増する（写真8-6）。オウトウの果実がなくなると、クサイチゴ、キイチゴ、ブルーベリー、ヤマボウシ、ヨウシュヤマゴボウなどの果実に寄生して世代を繰り返す。

写真8-6
7月に入ると急増するオウトウショウジョウバエの被害果

成虫は羽化2～3日後に交尾し、交尾した雌成虫が果実に産卵管を挿入して1回1卵ずつ、1果に1～15卵を産み付ける。産卵された果実を見つけるのは非常に困難であるが、拡大してみると産卵孔から卵の付属器である白いひも状のものが2本出ている。卵期間は1～3日で、孵化した幼虫は果実内を不規則に食害し、4～5日で蛹となる。

防除法　収穫時期が遅れるほど産卵が多くなるので、適期内収穫に努める。また、もぎ残しの果実があると集中的に産卵され、密度が高まってしまうので、たとえ品質不良果であっても放任せずに収穫し、被害果と一緒に適正に処分する。

発生の多い園地では、収穫の2～3日前に薬剤を単用散布し、散布7日をすぎても収穫が完了しなかった場合は、再度、単用散布する（116ページ表8-5参照）。収穫期間中の防除となることから、果実の汚染には十分注意する。

2 ウメシロカイガラムシ

生態と被害　幹や枝に密生し吸汁加害するため、枝が枯死したり樹勢が衰弱したりする。直径2㎜程度の丸い灰白色のカイガラのようなものに覆われて密生するのが雌で、白いチョークの粉をつけたような集団が雄である。山形県では年2回発生し、受精した雌が成虫で越冬して5月上旬にカイガラの中に産卵する。卵は5月下旬に孵化し、幼虫は枝幹を活発に移動して適当な場所に定着し、枝幹の樹液を吸汁加害し、6月下旬に第1世代の成虫となる。8月上旬から9月上旬にかけて第2世代の幼虫が出現し、ふたたび枝幹を活発に移動して、新たな場所で枝幹の樹液を吸汁加害し、9月上～下旬には成虫となり越冬する。

ウメシロカイガラムシに加害された枝では、落葉せずに枯れ葉が樹上に残るので、遠くからも被害の有無が見てとれる。

防除法　カイガラムシが寄生している枝をブラシがけして、カラを擦り落とす方法もあるが、寄生した枝が多いと非常に労力がかかるので、薬剤防除を徹底する。重点防除時期は、休眠期（発芽直前）および卵からの孵化最盛期（山形県では5月下旬と8月中旬）である。

まず、越冬成虫を対象に、休眠期（発芽直前）に石灰硫黄合剤やマシン油乳剤（あるいは両方）を散布する。カイガラムシが寄生している部分は高圧噴霧によりカイガラを吹き飛ばすように散布する。

成虫および齢期の進んだ幼虫は薬剤に対する抵抗力が強いので、初齢幼虫を狙って孵化最盛期に防除する（表8-5参照）。孵化の時期は気象条件によって多少前後するので、両面テープによる粘着トラップ（写

写真8-7
両面テープ（矢印）を使ったカイガラムシ発生確認の粘着トラップ

表8-5　オウトウで使用するおもな殺虫剤一覧（2019.10.30 現在）

系統	薬剤名	希釈倍数（倍）	対象害虫[1]						使用時期	使用回数
			オウトウショウジョウバエ	ウメシロカイガラムシ	ハマキムシ類	ケムシ類	カメムシ類[2]	残効		
A	サイアノックス水和剤	1,000				◎	（○）	-	収穫 14 日前まで	2 回以内
A	スプラサイド水和剤	2,000		◎			○	-	収穫 7 日前まで	3 回以内
A	ダイアジノン水和剤 34	1,000		○	○	○[3]		-	収穫 14 日前まで	2 回以内
B	アクタラ顆粒水溶剤	2,000	○				○	○	収穫前日まで	2 回以内
B	アルバリン顆粒水溶剤	2,000	○				○	○	収穫前日まで	2 回以内
B	スタークル顆粒水溶剤	2,000	○				○	○	収穫前日まで	2 回以内
B	ダントツ水溶剤	2,000	○				○	◎	収穫前日まで	2 回以内
B	バリアード顆粒水和剤	4,000		○					収穫前日まで	2 回以内
B	モスピラン顆粒水溶剤	2,000	○	○			○	○	収穫前日まで	1 回
C	バイオマックス DF	2,000			◎	◎			発生初期 （ただし収穫前日まで）	—
C	ファイブスター顆粒水和剤	2,000			◎	◎ 1,000 倍			発生初期 （ただし収穫前日まで）	—
D	アプロードフロアブル	1,500		○					収穫 7 日前まで	2 回以内
D	アタブロン SC	4,000			◎				収穫 14 日前まで	2 回以内
D	ファルコンフロアブル	6,000			◎				収穫 3 日前まで	3 回以内
D	マトリックフロアブル	2,000			○				収穫 14 日前まで	3 回以内
E	ロムダンフロアブル	3,000			◎				収穫 7 日前まで	2 回以内
F	エクシレル SE	2,500	○		◎	◎			収穫前日まで	3 回以内
F	サムコルフロアブル 10	2,500	○		◎	◎			収穫前日まで	3 回以内
F	フェニックスフロアブル	4,000			◎	◎			収穫前日まで	2 回以内
G	ディアナ WDG	10,000	○		◎				収穫前日まで	2 回以内
H	コルト顆粒水和剤	10,000	○						収穫前日まで	3 回以内
I	アーデントフロアブル	2,000	○				（○）	◎	収穫前日まで	3 回以内
I	アディオンフロアブル	2,000	○				（○）	◎	収穫前日まで	2 回以内
I	スカウトフロアブル	3,000	○				（○）	◎	収穫前日まで	2 回以内
I	テルスターフロアブル	4,000	○				○	◎	収穫前日まで	2 回以内

注）系統「F」、「I」は総使用回数 2 回以内とし、同一系統薬剤の連用は避ける
1）対象害虫　◎：効果が高い、○：効果がある、（　）：作物の適応がある
2）カメムシに対する残効　◎：10 日程度、○：7 日程度、-：短い
　訪花昆虫が活動中の殺虫剤散布はできるだけ控える
3）ダイアジノン水和剤 34 はアメリカシロヒトリにのみ登録がある
4）バイオマックス DF およびファイブスター顆粒水和剤は生物農薬（BT 水和剤）のため、使用回数の記載はない

真8-7）で発生を確認してから防除すると、より効果的である。

3 果樹カメムシ類

生態と被害　山形県では、クサギカメムシ、チャバネアオカメムシのいずれも年1回の発生と考えられている。両種とも成虫で越冬し、5月上旬から果実を加害する。熟果でも被害が発生するが、幼果のうちに被害を受ける場合が多い。カメムシ類に吸汁された果実はその部分がくぼんで暗褐色となるが、硬核期以前に吸汁されると、ほとんど落果する（写真8-8上）。

越冬成虫は果実を加害し始める頃から産卵し、7月中旬からは新成虫が現われるが、オウトウ葉上で孵化した幼虫が集団で果実を加害する場合もある。

コアオカスミカメもオウトウを加害する。成虫の発生は年3回で、雑草のヨモギなどの枯れ株で卵で越冬し、春に孵化した後、オウトウに飛来し加害すると見られている。その飛来時期は明らかでないが、加害は5月上～下旬で、幼虫が展開しつつある葉や幼い果実を吸汁する。

葉の吸汁痕は、はじめ淡褐色の小斑点だが、展葉し葉が大きくなると不整形の破れたような穴が目立ってくる（写真8-8下）。幼果での吸汁痕は、果実の肥大に伴ってくぼみが顕著になるが、クサギカメムシによる加害のような激しい陥没や落果は見られない。

防除法　カメムシでは耕種的防除法はあまりなく、加害期間中の薬剤散布が有効である。発生が多い園地では、5月中旬と下旬に、前ページ表8-5を参考に効果のある薬剤を散布する。

4 コスカシバ

生態と被害　体長15㎜ぐらいで翅が透きとおっており、一見するとハチに似たガである。年1回の発生で、サクラやオウトウの幹に食入したまま幼虫で越冬する。食入の時期がバラバラで、越冬幼虫の齢数にも差があるため、春になってからの発育にも大きな個体差がある。羽化の時期も長期にわたり、6月上旬～10月上旬まで続く。

羽化した成虫は、オウトウ樹の裂傷部や

写真8-8
チャバネアオカメムシとその被害果、下はコアオカスミカメによる被害葉

表8-6　コスカシバの薬剤防除（2019.10.30 現在）

	薬剤名	希釈倍数（倍）	使用時期	使用回数
春季防除	フェニックスフロアブル	200～500	開花期まで	1回
秋季防除	ガットキラー乳剤	50～100	休眠期（落葉後～萌芽前）	いずれかの薬剤を1回
	トラサイドA乳剤	200	収穫後～萌芽前（幼虫食入期）	
	ラビキラー乳剤	200	落葉後～発芽前（休眠期）	

注）いずれも枝幹部への散布となる
　　フェニックスフロアブルは訪花昆虫保護のため、発芽2週間後までの使用としている

ざらついた樹皮に1卵ずつ産卵する。孵化した若齢幼虫は、枝幹部の樹皮が荒れた部分から食入して形成層を食い荒らす。食入痕からは、虫ふんの交じった樹脂が出ているので、被害部位を見つけやすい。

なお、食入場所は地際だけとは限らず、地上1.5ｍ程度から発出した太枝の付け根あたりでも見られる場合がある。

防除法　虫ふん交じりの樹脂が漏出している幼虫の食入場所を中心に、半径4～5㎝の範囲を木槌などでたたいて圧殺したり、食入部分の樹皮を削り取って幼虫を捕殺する。これらの処置は、降雨後に行なうと、樹皮が柔らかくやりやすい。

また、発生の多い園地では、※交信かく乱剤（商品名：スカシバコンL）を成虫の発生初期である5月下旬に10ａあたり40～100本設置する。平坦な園地なら外周部にやや多めに、傾斜地は園地の上部にやや多めに設置する。40ａ以上のある程度まとまった面積で設置すると効果が安定する。

薬剤散布による防除は表8-6に示した。

※交信かく乱剤：化学合成した雌の性フェロモンを充填した資材で、設置すると園内に雌の性フェロモンが充満して、雄が雌を見つけにくくなる。交尾を阻害することで防除する。

５ ハダニ類

生態と被害　オウトウを加害するハダニはナミハダニ、リンゴハダニ、オウトウハダニ、カンザワハダニである。山形県の慣行防除体系における加害種は、まれにリンゴハダニが見られるが、ナミハダニが主体なので、ここではナミハダニについて紹介する。

ナミハダニは樹の地際部や樹皮下、雨よけ施設の接続部、マイカ線の結び目、雑草の中などあらゆる隙間で、橙赤色の雌成虫で越冬する。春夏季の体色は黄緑色である。春先は下草で増殖し、5月中旬からオウトウの樹上に移動し、葉を加害する。6月上中旬から発生が増加傾向になり、7月以降急増する。

防除法　下草で増殖するので、草刈りを徹底する。樹上でははじめ、ヒコバエや胴ぶき枝で発生し、そこから広がっていくので、これらの枝はつねにきれいにしておく。

なお、下草でナミハダニの密度が高い場合、除草することでかえってハダニを樹上に追いやることになりかねない。その場合、防除3日前くらいに除草し、ハダニが樹上に移動したタイミングで殺ダニ剤を散布できるようにするよい。

また、ナミハダニは高温・乾燥を好むた

表8-7　殺ダニ剤の特性表（2019.10.1 現在）

薬剤名	系統（IRACコード）	希釈倍数（倍）	使用時期			対象のハダニ						注意事項
			5月	7月	8月	リンゴハダニ			ナミハダニ			
						卵	幼虫	成虫	卵	幼虫	成虫	
ダニサラバフロアブル	25A	1,000	○			○	○	○	●	●	●	これらの薬剤は同一系統とみなし、いずれかを年1回の使用とする
スターマイトフロアブル	25A	2,000	○			○	○	○	○	○	○	
ダニコングフロアブル	25B	2,000	○			○	○	○	○	○	○	
バロックフロアブル	10B	2,000	○			○	○	×	●	●	×	
ニッソラン水和剤	10A	2,000		○		○	○	×	○	○	×	
ダニトロンフロアブル	21A	2,000		○		○	○	○	▲	▲	▲	これらの薬剤は同一系統とみなし、いずれかを年1回の使用とする
サンマイト水和剤	21A	1,000		○		○	○	○	▲	●	▲	
ピラニカ水和剤	21A	2,000		○		○	○	○	▲	▲	▲	
ピラニカEW	21A	2,000		○		○	○	○	▲	▲	▲	
カネマイトフロアブル	20B	1,000		○		○	○	○	○	○	○	
マイトコーネフロアブル	20D	1,000		○		△	○	○	○	○	○	
コロマイト乳剤	6	1,000		○		○	○	○	○	○	○	
オマイト水和剤	12C	750			○	×	○	○	×	○	○	
ダニゲッターフロアブル	23	2,000			○	○	○	○	○	○	○	新梢伸長期には薬害が発生する恐れあり
アカリタッチ乳剤		3,000		○	○	×	○	○	×	○	○	殺卵効果がないので1週間おきに2～3回散布する。黄化期の果実や黄色品種では薬害が発生する場合があるので使用しない

注）○：効果あり、△：効果がやや劣る、×：効果がない　●、▲：地域によって効果の低下が認められる
ハダニは薬剤抵抗性個体が出現しやすいので、同一薬剤の使用は年1回とする（アカリタッチ乳剤を除く）
なお、同一系統のグループはすべて同一薬剤とみなす
殺ダニ剤はボルドー液と近接散布すると効果が劣るので、ボルドー液散布の前後2週間は散布しない（アカリタッチ乳剤では未確認）
「山形県病害虫防除基準」より抜粋

め、収穫が終了したらただちに雨よけ被覆を除去する。

薬剤防除としては休眠期に石灰硫黄合剤10倍液やマシン油乳剤50倍液（あるいは両方）を散布することで、越冬成虫の密度を下げられる。その他生育期間の防除は表8-7を参考にする。ハダニは薬剤抵抗性の個体が出現しやすいので、同一薬剤の使用は年1回とする（同一系統のグループはすべて同一薬剤とみなす）。またハダニは多発すると防除が困難になるので、ルーペなどで葉裏を随時観察し、発生を見たら防除を行なう。かけムラがないように、丁寧に十分な量を散布することが重要である。

おもな養分欠乏・過剰症の診断と対策

1 ホウ素欠乏症

発生原因と症状　土壌の酸性化によるホウ素の溶脱などで含量が低下し発生するが、土壌が乾燥することで助長される。症状が

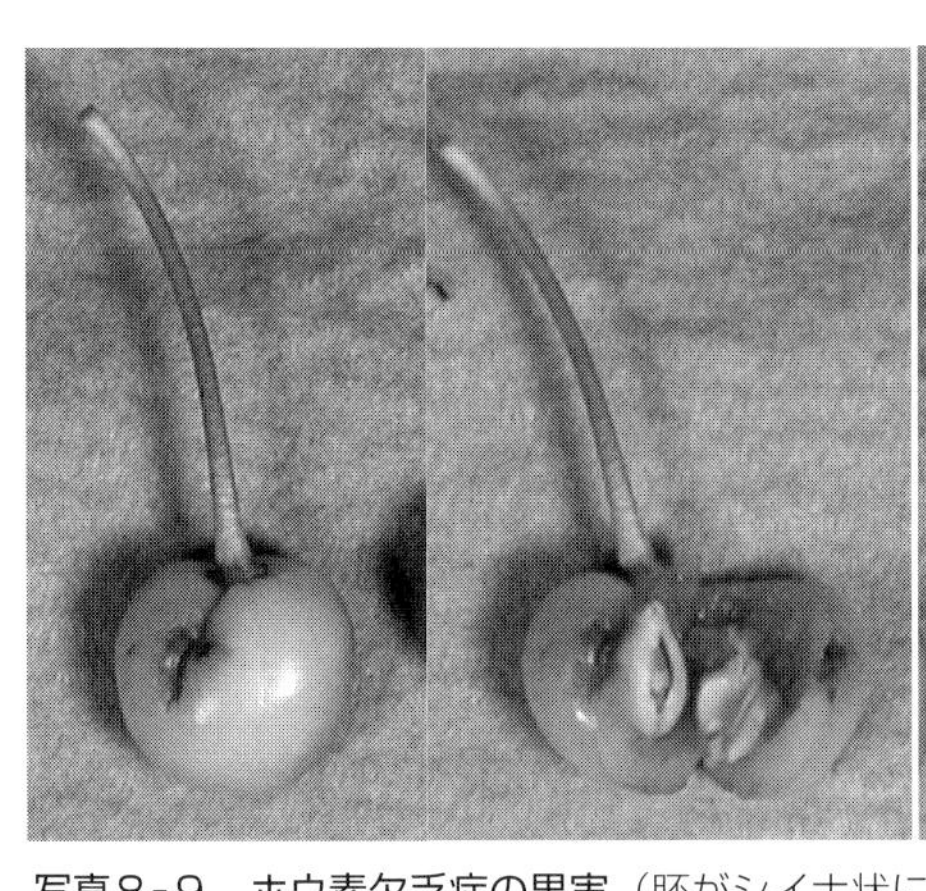
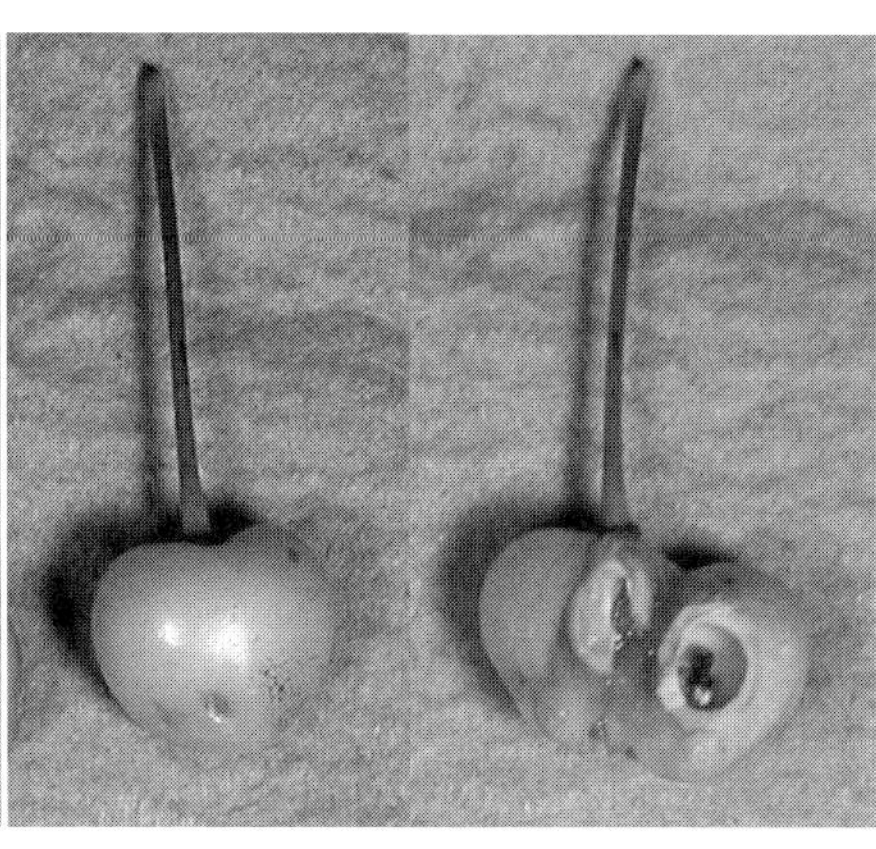

写真8-9　ホウ素欠乏症の果実（胚がシイナ状になっている）

軽微な場合は、健全樹に比べ果梗が短く、結実しにくくなる。症状が重くなると、花芽の着生が悪く、開花してもほとんど結実しない。結実した果実でも縮果症状が現われる。核を割って胚を観察するとシイナ（萎縮した胚）状になっており、カメムシによる加害果と区別できる（写真8-9）。

対策　基本的にホウ素資材を施用する。土壌施用の場合でもホウ素は比較的早く肥効が発現する（表8-8）。ただし、ホウ素は他の微量要素と異なり、適量の範囲がせまい。施用しすぎると過剰症を引き起こすので注意する。過剰症になると、成熟するにつれて果皮が陥没し、症状の著しいものは収穫期にミイラ果となる。

なお、土壌中にホウ素があった場合でも、乾燥しすぎると吸収されにくくなる。適宜灌水に努める（第6章参照）ほか、積極的に堆肥など有機質資材を投入し、土壌の保水力を高めるようにする。

2 苦土（マグネシウム）欠乏症

発生原因と症状　土壌中の交換性マグネシウムの不足やカリとの拮抗作用が原因で発生する。土壌中のカリ成分が多すぎると、拮抗作用によりカリが優先的に根に吸収され、マグネシウムの吸収が阻害される。その結果、新梢生育が旺盛な5月下旬頃から欠乏症が見られるようになる。はじめ基部の葉で、やがて先端へと症状が拡大する。症状としては、葉脈間の緑色が左右対称に退色し（写真8-10）、軽いと葉脈間が黄緑色に、症状が進むと黄色となる。また、7月以降に欠乏症が発生した場合は、紫色を

表8-8　ホウ素の施用量（10aあたり）

欠乏症状	資材および施用量	施用頻度
健全～軽微な欠乏症	ホウ砂　0.5～1.0kg または FTE　2.0～4.0kg	毎年
著しい欠乏症	ホウ砂　2.0～3.0kg または FTE　6.0～8.0kg	1回/2～3年

注）砂などを増量材にしてよく混和し、園地全体に均一に散布する

写真8-10　苦土（マグネシウム）欠乏症の葉
葉脈間の緑色が左右対称に退色し、症状が進むと葉脈間が黄色になる

呈することもある。

対策　マグネシウム入りの液肥は数多く市販されているが、基本的な対策は土壌への苦土資材の施用である。症状が軽い場合は苦土石灰を10ａあたり１５０～４００kg（量が多い場合は2年に分けてもよい）を施用し、症状が甚だしい場合は、速効性の硫酸苦土を10ａあたり１００～１５０kg併用する。

施用時期は春先か晩秋とし、施用後は土壌とよく混和する。また、土壌pHが高い場合もマグネシウムが根から吸収されにくいので、適正値（pH6.0～6.5）に保つようにする。

3 カリ過剰症

発生原因と症状　カリが多いと拮抗作用により、リン酸、苦土、カルシウム、ホウ素といったさまざまな成分が根から吸収されにくくなる。その結果、着色が劣り、糖度の低い果実になってしまう。カリが過剰な場合、とくに症状には現われないので、適宜土壌診断を行ない、カリ含量を把握する必要がある。

対策　適正なカリ含量は乾土１００ｇあたり20～40mgである。これより多い場合はカリの施用を中止する。また、カリ含量の多い家畜糞、稲ワラ、モミガラなどの投入も控えるようにする。

4 カリ欠乏症

発生原因と症状　土壌中のカリ含量が極端に少なく（乾土１００ｇ中の交換性カリ含量10mg以下）、樹体中のカリウム含量が不足すると発生する。太枝の基部の花束状短果枝や新梢の基部葉から発生が見られる。症状としては、果実が小さくなり、葉では葉縁部や先端部が褐変し、葉が内側に巻くこともある。激しい場合は葉が黄化し、早期に落葉する（写真８-11）。

対策　通常の施肥管理を行なっていれば発生は見られないが、定期的に土壌診断を行ない、必要量を施用する。また、堆肥なども施用する。

（以上、米野）

写真8-11　カリ欠乏症の葉と果実
葉縁部や先端部が褐変し、内側に巻く

第9章 ハウス栽培

1 狙いと導入の条件

オウトウの栽培は、開花期の天候不順による結実不良、収穫期の降雨による裂果や灰星病の発生など、気象条件に大きく左右され、年によって品質や収量が不安定となる。このため、ハウス栽培や雨よけ施設での栽培が普及している。このうち、ハウス栽培は前進出荷と労力分散、さらに天候に左右されない高品質な果実を安定生産して、農家所得の向上をはかることを目的として導入されている。

ハウス栽培を導入できる条件としては、被覆期間内に降雪があると倒壊する危険性があるので、積雪が少なく風当たりの弱い地域が望ましい。そして、施設の効率的な利用から積雪の少ない地域では連棟式とし、そうでない場合は単棟式を導入する。

地形的には、温・湿度管理や灌水、人工受粉など、作業全般を通して集約的な管理作業を必要とするので、平坦地か緩傾斜地が望ましい。また加温ハウスの場合、加温機の動力源となる電気や燃料の重油も必要となる。集約的な管理をするためにも、できるだけ自宅に近い場所がよい。

作型は加温時期により、超早期、早期、普通、短期、無加温の五つに分類できる。山形県では五つの作型があるが、山梨県ではほとんどが普通加温である。超早期加温は自発休眠の覚醒前に休眠打破を行ない、加温を開始するので、樹の負担が大きく、連年で行なうと樹勢が弱くなったり、結実量が減少する。一方、短期加温や無加温は樹の負担は少ないが、開花期が高温になりやすいので十分な換気が必要となる。

2 ハウスの構造と設備

●構造と被覆フィルム

①施設高5～5.5m、スチールパイプ製

オウトウは樹高が3.5～4mほどになるので、施設高は5～5.5mのものが多い。施設の構造材は22㎜と48㎜径のスチールパイプ製が主流で、積雪や強風に耐える強度が必要である。

表9-1　ハウス外張り被覆資材の特性

種類		農ビ	農ポリ	農酢ビ	農PO
物理特性	透過性	◎	○	○	○～◎
	強度	◎	○	○	○～◎
	防塵性	△～○	○	○	○～◎
	流滴性	○～◎	△	○	○
	保温性	◎	△	○	○～◎
耐候性		◎	×	△	○～◎
展張作業性		◎	○	○	○
ベタつき		△～○	◎	◎	◎
コスト		△～○	◎	○	○～◎
廃棄処理の難易		×	○	○	○
重さ（比重）		重い (1.35)	軽い (0.94)	軽い (0.92)	軽い (0.96)

ハウスの形状には大別して単棟式と連棟式がある。施設面積は5～10a規模が多い。連棟式は防除、被覆などの作業性に優れ、単位面積あたりの建設コストが安いので、広く普及している。しかし、ハウスの谷間に雪がたまるので降雪による倒壊のリスクは高い。単棟式は建設コストがやや高く、熱効率が低いものの、積もった雪が両サイドに滑り落ち雪害に強いので、積雪地帯に適している。

②被覆フィルムの選択

被覆フィルムは、価格、展張の容易さ（扱いやすさ）、耐久性などを考慮して選択する（表9-1）。ハウスの外張り用フィルムとして従来は農ビが主流であったが、現在は農POを使用する生産者が多い。農ビと農POには、それぞれ特徴があるが、外張り用フィルムとしては保温性（燃料の節約を含めて）、防曇性を重視する場合は農ビを、破れにくさ、汚れにくさ、作業性を重視するなら農POを選択する。外張りに農POを使用する場合、保温性向上と節油を目的として、内張りカーテン用に農ビを用いるなどの工夫も考えられる。

●暖房設備、換気設備、暖房機の保守管理

①暖房設備

暖房機は、加温時期の外気温や管理温度を参考にハウスの大きさに応じた必要カロリー数を計算し、それに見合うものを選定する。また、省エネ対策として廃熱回収装置を設置し、効率的な熱回収をはかる。温度制御センサーをハウス内の適切な位置や生育に応じた高さに設置する。

②換気設備

オウトウのハウス栽培では、高温による結実不良や着色遅延、過湿による裂果の発生などがあるので、換気によりこれらの生育障害を回避する。通常は天窓換気とサイド換気を併設し、開閉は自動装置で行なっている。天窓は巻き取り式換気装置のほうが開閉部を大きく確保でき、採光や換気効率が高い。降雪地帯の山形県では積雪時にも換気できる跳ね上げ式（写真9-1）が

写真9-1　跳ね上げ式の天窓換気システム

導入されており、併設するハウスもある。

サイドの巻き上げ換気を併用することで速やかな温度調節が可能となる。オウトウのハウスは軒が高いので上下２段巻き上げ式にしている例が多い。手動での巻き上げが多いが、自動化もできる。

換気扇は降雪や降雨、強風などの条件で天窓開閉装置が使用できない場合でも強制的に換気できる利点がある。自動運転が可能であるが、長期間使用すると吸い込み口付近の生育が遅れる影響があるので補助的に使用する。

③暖房機の保守管理

暖房機を使用前に、本来の性能が発揮できるようにメンテナンスすることで、省エネルギーになる。メンテナンスで重要なのは、①缶体の清掃、②燃料噴射ノズルの交換、③エアーシャッターの調整の3点である。

燃料であるA重油に含まれる不純物（硫黄や灰分など）が燃焼すると、缶体内に燃焼カスとして堆積する。燃焼カスが多くたまると暖房機の熱効率の低下や、バーナーの不完全燃焼の原因となる。熱効率を維持するために、暖房シーズン終了時には、後部煙室のフタを外し、缶体の清掃を行なう（後述、写真９-２）。

写真９-２　暖房シーズン終了時には、後部煙室のフタを外し、缶体の清掃を行なう

❸ 栽培のポイント

ここでは普通加温における栽培のポイントを解説する。

●被覆と加温を開始する時期

安定した生産を行なうには、自発休眠から覚醒した後に加温を始める必要がある。被覆直後でも自発休眠が十分明けていれば無加温期間をとらずに加温しても問題ない。夜温の設定が低すぎると、地温上昇が遅れて生育に影響する。加温開始10日以内には最低温度を７℃以上にする。萌芽まではたっぷり灌水し、ハウス内の乾燥に注意する。枝散水を行なうと発芽は良好となる。

①自発休眠覚醒の低温積算時間

自発休眠覚醒に必要な低温遭遇時間の目安は、山梨県や長野県では「佐藤錦」が7.2℃以下の積算で１４００時間、「高砂」で１２００時間を指標としている。また、山形県では「佐藤錦」が１６５０時間、「紅さやか」が１５５０時間、「紅秀峰」で１４５０時間を目安としている。休眠覚醒の低温積算時間については各県の指標を参照する。

②新梢管理で透過光を増やし土壌蓄熱を

昼間、ハウス内に到達した日射（光）は樹や土壌、構造物などに当たって熱に変わる。そのうちの一部は、土壌中に蓄熱されて地温を高める。その熱は夜間の熱源として放熱されるので、昼間の土壌蓄熱量が多

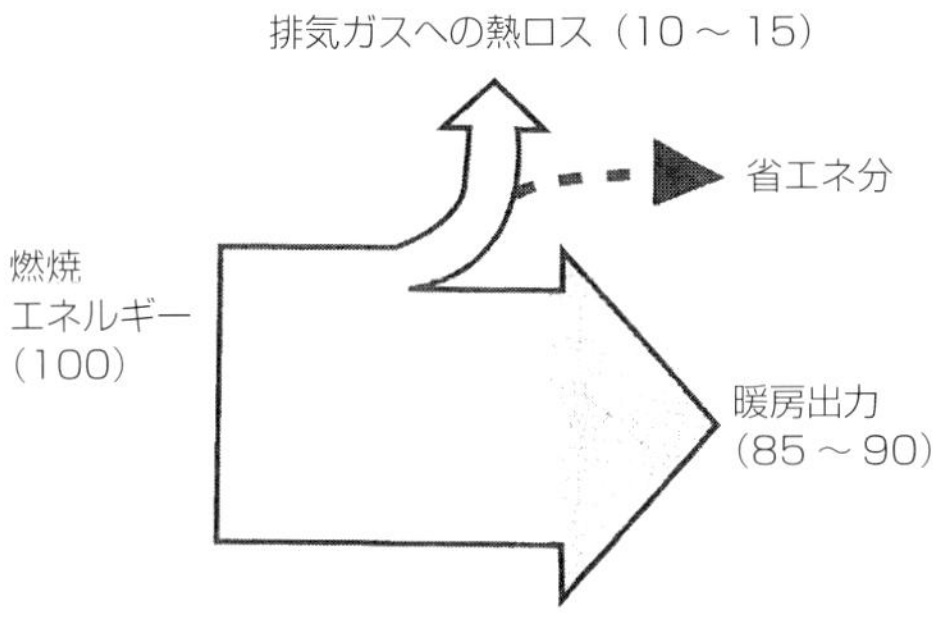

図9-1　ハウスの加温機の熱収支模式図
（ネポン「省エネルギーガイド2005」より）

写真9-3　樹冠下光透過量20％の目安
これくらいで大体20％の光が樹冠下に届いている

いほど、加温のための熱量は少なくて済む。

土壌への蓄熱量を増やすには、熱源となる透過日射量を多くすることが不可欠である。日射の透過率が10％増すと、土壌での蓄熱量が30％増える試算もある。このためには、まず被覆資材は透過率が高く、それを長期にわたって維持できるものを選択する。また、樹が過繁茂の状態にあると透過日射量が制限されるので、20％程度は樹冠下に到達するように新梢管理を行なう（写真9-3）。

また、加温開始前後の地温上昇のために樹冠下をビニールでマルチするといい。乾燥すると蓄熱性が低下するので、たっぷり灌水し蓄熱性を向上させる。灌水の時間帯は、ハウス内温度が低い早朝を避け、温度が上がる11～13時を目安に行なう。生育初期までは地温を確保するためサイド換気も控え、換気は天窓を中心にする。

③燃料コストを削減できる加温機メンテ

ハウス内の温度ムラは、生育のバラツキに影響するだけでなく、部分的に温度が低いところのために無駄な燃料を使う原因にもなる。温度ムラを解消するには、温風の吹き出し口となるダクトの設置位置を調整するほか、循環扇を有効に活用する。

また、前述したように定期的に加温機をメンテナンスし調整することで燃料の無駄を省ける。燃焼によって得られるエネルギーを100とすれば、暖房の熱として85～90が使われる（図9-1）。保守点検が十分できていないと、熱の利用効率が低下するとともに、排気ガスの汚れも多くなってしまう。

噴射ノズル（写真9-4）には7～10kgの圧力がかかり、油を噴霧する。使用するうちにノズル孔は摩耗し、噴射量が多くなる。噴射ノズルはA重油の場合、2年に1回、または10kℓの使用が交換の目安となる。ノズルの交換によって5％は燃費が向上す

写真9-4　噴射ノズル
（矢印の部分がノズル孔）

るといわれており、交換によって燃料費の無駄が省ける。

また、噴射量が多くなると不完全燃焼の原因になる。煙突付近のビニールに煤が多く付着している場合は、ノズルをチェックしてみる。また、バーナーのエアーシャッター（燃焼空気取り入れ口）を調節することで燃焼状態が改善され、効率よく燃焼する。開けすぎても閉めすぎても燃焼効率は低下するので、煙突から出る煙の色が無色であることを確認する。開けすぎると白煙が、閉めすぎると黒煙が出る。

写真9-5
省エネ対策に必要な熱交換機（缶体）の清掃
ブラシでこそぎ落としたカス（下線矢印部分）

さらに缶体（釜）の内面に燃焼カスが付着して汚れると、缶体への伝熱が妨げられて熱ロスが多くなり、加熱効率が低下する。缶体と煙管、煙管の中に入っているプレートはブラシを使って丁寧に掃除する（写真9-5）。

④ハウスの気密性向上

暖房機から発生した熱は、ハウスの小さな隙間からハウス外へ漏れたり、ハウスを覆うビニールやパイプ、地面などに吸収される。これらのロスを防ぐことで、暖房効率を高め、省エネルギーにつながる。もっとも有効な方法としては、周囲を2重、3重に被覆することである。採光に影響の少ない北側や西側などは上部まで多層化してもよい。内張りビニールとしては、保温性が優れ、開閉作業が容易であるものが望ましい。ベタつきの少ない資材としては農酢ビがあり、光透過性から考えると農ビが優れる。内張り用フィルムも作業性、光透過性、保温性のそれぞれの観点から見ると、それぞれの資材に一長一短ある（表9-1参照）。

写真9-6のように、裾（ハウス下部の周囲）のビニールは30～50cmを土に埋めて処理すると、気密性を高め放熱を抑えられる。被覆時には天窓やサイドの開閉部、あるいは出入り口の隙間や重なり具合を点検し、ハウス全体の密閉度を高める。

写真9-6　ハウスの裾はビニールを地中にしっかり埋め、気密性を高めるようにする

●シアナミド処理による開花の一斉化

オウトウのハウスは軒が高く施設が大型なので、ハウス内に温度ムラが生じやすい。このため開花が揃わずに、開花ステージのバラつきが大きくなる問題がある。また1

本の樹においてもとくに樹冠上部では開花が遅れやすく、同じ樹の樹冠下部で満開になっていても、上部にはまだ蕾が多く残っていることがある。

開花後の柱頭の寿命はハウス栽培では4～5日で、露地栽培より短い。このためこまめな受粉が要求される。開花がバラツキ、花や蕾が混在した状態は作業効率を悪くし、受粉回数も多くする。

この対策として行なわれるのがシアナミド処理である。シアナミドを処理することで開花が揃い、短期間に効率よく受粉作業を進めることができる。また、樹冠上部に部分散布し、下部を無処理にすることで樹全体の開花日数をさらに縮めることも可能となる。

①処理の効果

山梨県のハウス栽培の主流品種の「高砂」は、前年に採取した花粉による人工受粉で結実を確保している。しかし、開花が遅い「佐藤錦」や「紅秀峰」に処理して開花を早めることで、「高砂」との交互受粉が可能となる（図9-2）。訪花昆虫を導入することで、さらに結実率の向上や受粉の省力化を図ることができる。

また、規模の大きいハウスでは、受粉作業が短期間に集中するが、園内の半分の樹にシアナミド剤を散布して開花を促進させ、無散布の樹と受粉時期や収穫時期をずらすことで作業を分散できる効果もある。

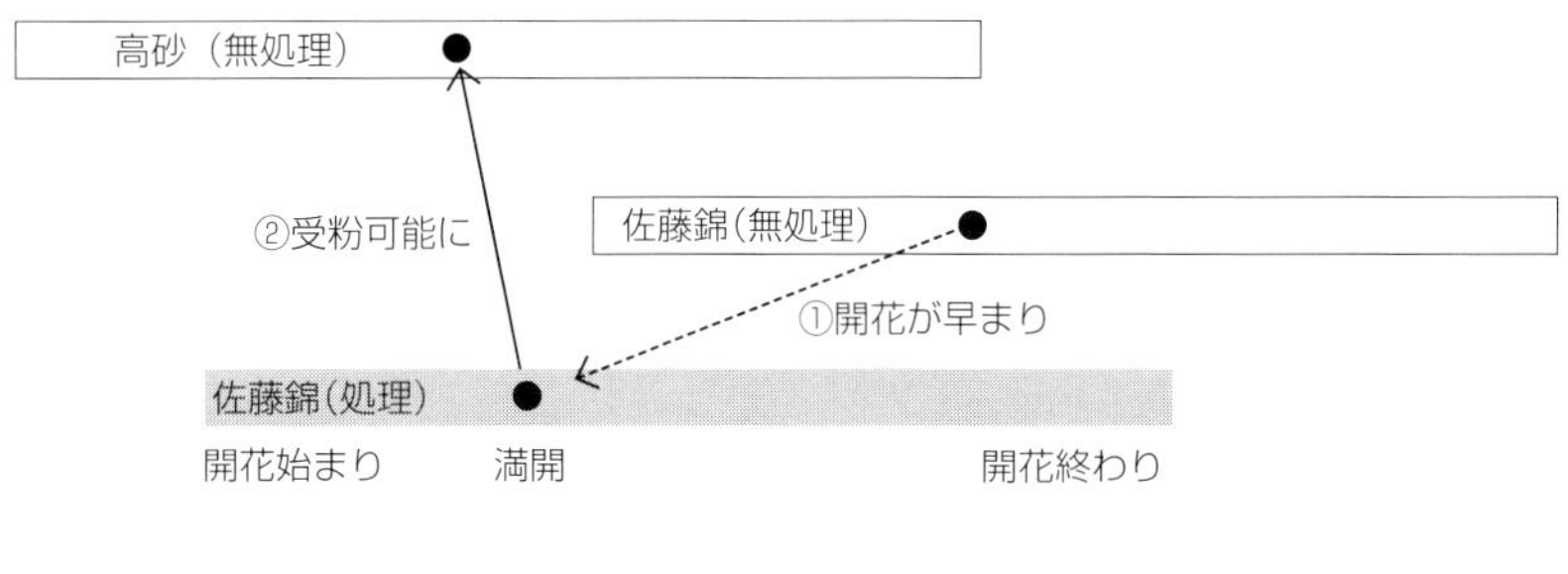

高砂（無処理）
②受粉可能に
佐藤錦（無処理）
①開花が早まり
佐藤錦（処理）
開花始まり　満開　開花終わり

図9-2　シアナミド処理で「佐藤錦」の開花を早め、「高砂」の受粉に活用できる

②処理の時期とポイント

処理時期の影響を128ページ表9-2、表9-3に示した。シアナミドの効果は加温開始時期によって異なるが、いずれの時期に処理しても開花および収穫期が前進する。しかし、低温積算800時間での早い時期の処理は、樹体の負担が大きいと考えられるため、「高砂」、「佐藤錦」とも1000～1200時間を目安に処理する。例年、山梨県では1月下旬が散布時期の目安となるが、年によって低温積算時間の進み具合は異なる。

実際の処理は、CX-10では10～20倍に、ヒットαは10～20倍にそれぞれ希釈し、10aあたり300～400ℓ全面散布する。処理は樹全面が基本であるが、枝単位での部分散布も可能である。シアナミドは液剤がかかった部分しか効果がないので、かけムラが生じないように丁寧に散布する。枝枯れが発生するので重複散布はしない。

●有孔マルチによる地温の確保、温度管理

①地温確保に有孔ポリマルチ

地温を早期に上昇させて根の活動を促すうえで、被覆直後にビニールマルチを敷くのは有効である（写真9-7）。ただし、マルチを敷いたままにするとハウス内の湿度が極端に低下してしまう。夜間でも湿度が80%以下になり、芽が乾燥して発芽せず枯れてしまう芽枯れを助長することもある。乾燥を防止するには有孔マルチを使うか、マルチの下に十分灌水し、併せて枝散水も行なう

②温度管理

省エネルギーの最たるものは、燃料費、とりわけ夜温の維持である。設定温度を下げれば節減につながるが、生育も遅れてしまう。生育を維持しながら燃料費も節減できるのが、夜温の変温管理である。

オウトウは昼間、葉で生産された炭水化物は午後から前夜半にかけて、枝や果実などの貯蔵器官に転流する。転流が円滑に行なわれないと、葉の中にその日の炭水化物が残り、翌日の光合成を制限する。転流の時間帯は、これを促進する適温を維持することが必要である。そして転流が終わった後は、いわば休息の時間帯なので、温度が高すぎると呼吸が盛んになり、貯蔵養分の

表9-2　1000時間加温でのシアナミド処理効果

（山梨果樹試、2008）

品種	シアナミド処理時の低温遭遇時間	加温～開花までの日数	収穫始め日
高　砂	800時間	34（-5）	4月19日
	1000時間	33（-6）	4月19日
	無処理	39（0）	4月21日
佐藤錦	800時間	38（-5）	4月22日
	1000時間	38（-5）	4月22日
	無処理	43（0）	4月24日

注）7.2℃以下の低温遭遇1,000時間で処理、シアナミド成分0.5%溶液を散布。（　）内は無処理との日数差

表9-3　1400時間加温でのシアナミド処理効果

（山梨果樹試、2007）

品種	シアナミド処理時の低温遭遇時間	加温～開花までの日数	収穫始め日
高　砂	800時間	25（-3）	5月16日
	1000時間	25（-3）	5月16日
	1200時間	26（-2）	5月17日
	1400時間	26（-2）	5月18日
	無処理	28（0）	5月18日
佐藤錦	800時間	30（-4）	5月20日
	1000時間	31（-3）	5月21日
	1200時間	31（-3）	5月21日
	1400時間	31（-3）	5月22日
	無処理	34（0）	5月23日

注）7.2℃以下の低温遭遇1,400時間で処理、シアナミド成分0.5%溶液を散布。（　）内は無処理との日数差

写真9-7　地温確保を目的として樹冠下に敷かれた有孔マルチ

消耗が大きくなる。そこで夜温の後半は呼吸による消耗を抑えるために低温で管理する。これが夜温の変温管理である。ただし、重油の削減を重視しすぎた温度管理や、過剰な昼夜温較差からの生育不良や品質低下には十分注意し、栽培基準を逸脱しないよう温度管理を徹底する（表9-4）。

●各時期の管理とポイント

①開花結実期の管理

開花期間中の結実管理は重要である。開花期がナタネ梅雨と重なり天候不順になると、思うように受粉ができず、灰色かび病が多発する。天候条件によっては逆にハウス内が高温乾燥になり、結実不良を招くこともある。この時期の温湿度管理をいかにコントロールするかが、ハウス栽培のポイントである。

人工受粉には日中50～60％の湿度が適する。乾燥する場合は散水してから受粉を行なう。灰色かび病を恐れて土壌水分を控えすぎると結実不良を助長する。7～10日おきに10㎜前後を目安に定期的に灌水する。曇雨天時には、加温機を稼働してモヤの発生や湿度の上昇を抑えることも必要である。温度管理は日中の温度を18～22℃に保ち、上げすぎないように注意する。高温になると花の寿命が短くなり受粉効率が悪くなる。夜温は11～12℃にする。低すぎると受粉後の花粉管伸長に影響する。

②果実肥大期～収穫期の管理

果実の玉張りには、樹勢、結実量、灌水、温度管理などが影響する。

樹勢は、やや強めに維持するのがよい。ただし、強すぎると裂果の危険がある。樹勢が弱い場合は、黄化期前であればチッソ成分を含んだ葉面散布が有効である（「アミノメリット青」500倍液など）。果実肥大前期（満開後30日頃まで）の処理が裂果防止の観点から安全性が高い。地色が抜けてからはチッソ成分を含んだ葉面散布は避ける。着果過多（1花束状短果枝あたり2～3果を基準にそれより多い）の場合は早期に摘果を行ない、果実肥大をはかる。

表9-4① ハウス栽培管理基準（山梨県、2018年）

生育相	昼温（℃）	夜温（℃）	相対湿度（％）	灌水（1回あたり㎜）
自発休眠完了期～発蕾前期	18～20	7～8	80～90	被覆直後30
加温直前	18～22	8～10		10～20
開花始め	18～20	11～12	50～60	5～10
落花期	20～22	11～12		20～25
果実肥大期	22～25	12～13	60	5～10
着色始め～収穫終了まで		13～15	50	3～5

表9-4② ハウス栽培温湿度管理基準（山形県、1995年）

生育相	最低気温（℃）	最高気温（℃）	日中湿度（％）
被覆～加温開始（7～10日間）	0～5	15～20	60～80
加温開始～発芽期	5程度		
発芽期～開花始期			50～70
開花期	5～7	18～23	30～50
落花期～硬核期	8～13	20～25	40～60
硬核期～着色期	13前後	25前後	
着色期～収穫期	―	30以下	30～50

生理落果しない果実は、果梗が太くて長く、緑色が濃くツヤのあるものなので、そのような果実を残して摘果する。

果実肥大期には10ａあたり20～25㎜をたっぷり灌水し、その後も5～10㎜程度を定期的に灌水する。乾燥が進んでからの灌水や、一度に大量の灌水を行なうと裂果を招きやすい。灌水は地温が下がらないように晴れた日の午前中に行なう。とくに、着色始期以降は少量多回数で3～5日間断で3～5㎜の量を灌水する。

裂果は根から土壌水分を過剰に吸水して発生する以外に、ハウス内の過湿条件によっても発生する。とくに果実黄化期から着色期の果実は80％以上の湿度が40時間以上続くと多発する。早春に冷たい雨が連日続くような場合に湿度が高まりやすいので、こんなときは全面マルチを行ない、土壌水分の蒸散を抑えるとともに20℃程度に加温して、相対湿度を下げてやる。この際、天窓やサイドに数㎝程度の隙間を空けておくとよい。

温度管理では、昼温が高すぎると呼吸量が増加し、光合成による同化効率が低下するので注意する。また夜温が低すぎても玉張りが悪くなる。生育に合わせて12～15℃の設定とする。

着色管理については、被覆直後の新しいビニールであってもビニールや骨材の影響で光線の透過量は80％程度、3ヵ月以上経過すると50％以下になるので、密植を避けるとともに、誘引などによる新梢管理によって樹冠内部への光線透過量を十分に確保する。当年の着色向上だけでなく、翌年の充実した花芽形成、結実向上や玉張りの向上にもつながる。

日中30℃以上になる高温や、裂果を心配して灌水を控え過乾燥を招くと、ウルミ果の発生や着色抑制を助長する。また、日較差（昼温と夜温の差）が大きいとやはりウルミ果の発生を助長するので、10℃程度の温度差を目安に管理する。

③収穫後の管理

収穫後の主要な管理として礼肥と夏季せん定、土壌の水分管理がある。

収穫直後に速効性チッソ肥料を成分で10ａあたり3㎏を目安に、樹勢を見ながら加減して施用する。

連年、ハウス栽培を続けていると、同じ場所を繰り返し歩くため土壌が踏み固められ、通気性や排水性が悪くなって樹勢が低下しやすい。また、ハウス栽培では早い時期から地温を上げ、灌水も年間を通して定期的に行なうことから有機質の分解が速いという特徴もある。樹体にかかる負担が大きく、樹勢低下や果実品質への影響が現われやすいのが、ハウス栽培である。そこで63ページで紹介したような深耕を行なって土壌を膨軟にし、深いところへも根が張れるようにする。また深耕と合わせて有機物の施用を一体で行なって効果を持続させる。

一方、オウトウは干ばつの影響も受けやすく、とくに夏季に土壌が乾燥すると樹勢の衰弱を招く。梅雨明け後に晴天が続く場合は、5～7日間隔で20～25㎜の灌水を行なう。

●連年加温と樹勢低下の対策

①連年加温による樹勢低下

無理のない普通加温の作型でも連年加温を続けると、樹の消耗が激しく樹勢の低下を招く。芽の充実不足による禿げ上がり、果実の小玉化など品質低下が発生する。早期加温の作型ではその傾向がいっそう顕著に出る。可能ならそれぞれの作型で加温するハウスとしないハウスを組み合わせて樹勢の回復を促すローテーションにすることが望ましい。その際、加温栽培から無加温にする場合、加温栽培の樹は花芽分化の時期が早いので収穫後ただちに礼肥を施すとともに、礼肥の割合を多くする。また、超早期や早期加温の作型では葉色が早く低下するので、収穫後の防除に、チッソ成分を含む液肥を加用して散布し、光合成能力の低下を防ぐ。無加温栽培で、樹勢回復をはかる期間は、乾燥と、ハダニや褐色せん孔病による早期落葉に注意する。重要なのは、回復ができなくなるほど樹勢を低下させないことである。

②低温遭遇時間の不足

早期加温の作型では、単価が高いだけに多少無理をしてでも栽培したくなるが、しばしば低温遭遇時間の不足が問題となる。

休眠に関しては、低温遭遇時間がこれ以上でないと反応しないというものではなく、少ない低温遭遇時間でも加温に対して鈍感ながらも反応はするということである。低温遭遇時間が十分であると加温開始から開花までの期間が短縮できる。逆に、自発休眠覚醒に必要な低温要求量が満たされなければ、萌芽・開花の遅延や不揃いを招き、結実や果実の生長に影響が出る。低温遭遇時間の不足は貯蔵養分の浪費につながり、樹勢低下につながる。

③管理方法に起因する樹勢低下

梅雨明け後の乾燥に注意　オウトウは、果樹の中でも土壌条件を選ぶ樹種として知られ、土壌条件の良否に生産性は左右される。干ばつの影響を受けやすく、とくに夏季の土壌乾燥は樹勢衰弱や花芽の充実不良を招き、翌年の作柄に少なからず影響する。梅雨明け後に晴天が続く場合は早めに灌水し（5～7日間隔で20～25㎜）、砂質土壌などの乾燥しやすい園地では幹の周りを中心にワラや敷き草などでマルチして、土壌水分の蒸散を防ぐ。

病害虫による樹勢低下　ハダニや褐色せん孔病などの被害が拡大すると早期落葉につながり樹勢が低下する。定期的な薬剤散布に努めるが、とくにハダニは初期防除が大切なので観察による発生量の推移に注意し、手遅れにならないようにする。果実肥大期と収穫直後の発生初期に叩くことがポイントである。被害が出てなくても、密度が低いだけでハダニは存在している。密度が低いこの時期に確実に叩くことが大切である。ハウスではハダニの発生がなかなか途切れないといわれるが、原因の一つには、ハウス特有の枝の込み合った樹形による薬剤のかけムラがある。すっきりした樹形への改善は防除効果の向上が期待できる。また、殺ダニ剤は抵抗性が出るので、同一薬剤や同系統の薬剤は連用しない。

褐色せん孔病の防除には効果の高いキャプタン剤を散布する。

（以上、富田）

あとがき

国内で栽培されている果樹の中ではマイナーな樹種に分類されるオウトウも、この15年の間に、全国サクランボ研究会が第1回（山形県、二〇〇五年）、第2回（山梨県、二〇〇九年）、第3回（北海道、二〇一三年）、第4回（山形県、二〇一九年）と開催されました。さらに、4年ごとに開催される国際園芸学会オウトウシンポジウムが二〇一七年に日本で初めて山形県で開かれるなど、オウトウ栽培を取り巻く状況は、非常に活発化しています。また、研究面においても自家不和合性のS遺伝子型の判別が可能となり、自家和合性品種も開発されました。山形県の「山形C12号（商標名：やまがた紅王）」、青森県の「ジュノハート」、山梨県の「甲斐オウ果6（商標名：甲斐ルビー）」などの県オリジナル品種がいくつも開発されており、生産の活性化が期待されます。

前述の国際園芸学会オウトウシンポジウムの最後に行なわれた懇親会で、来賓として来られていた当時山形県農林水産部の技術戦略監であった須藤佐藏氏（現JA全農山形監理役）に久しぶりに再会し、あれこれと話が弾み、オウトウで本の出版を企画していることを話しました。後日メールで、共著者の人選について打診をしたところ、数日のうちに、米野バイオ育種部長（当時、環境部長）で調整していただき、本人も含め上司にも対応の許可をもらっている旨の連絡をいただいたところから、執筆の作業が始まりました。

「紅秀峰」については、山形県で見る樹と山梨県で見る樹とでは、まるで別品種のようにふだんから感じていましたが、書き進めていくと、山形県と山梨県では、栽培管理に大きな差があることを改めて実感しました。その調整のための議論もあり、企画から出版まで意外と手間取りましたが、おかげでこれまでにないオウトウ栽培のスタンダード本ができたと思います。編集に尽力してくださった農文協編集局に篤く御礼申し上げます。

本書が、情熱をもってオウトウ栽培に取り組む生産者の皆さまの新たな指標として、いささかでも役立てば、著者冥利につきます。

富田　晃

二〇二〇年九月

著者紹介

富田 晃（とみた　あきら）

1962年山梨県生まれ、山梨県果樹試験場栽培部長などを経て現在、富士・東部農務事務所普及指導スタッフ。博士（農学、千葉大学）。主に果樹核果類の栽培研究に従事。山梨科学アカデミー奨励賞、園芸振興松島財団振興奨励賞を受賞。

著書に、『基礎からわかる　おいしいモモ栽培』（農文協）など。

米野 智弥（よねの　ともや）

1965年山形県生まれ、山形県農業総合研究センター園芸農業研究所研究主幹（兼）バイオ育種部長。オウトウの品種開発、気象変動下での結実確保や高温障害を低減する技術開発、省力・軽労的な仕立て方法の研究に従事。園芸学会東北支部研究部門賞を受賞。

基礎からわかる　おいしいオウトウ栽培

2020年11月15日　　第1刷発行

著者　富田 晃・米野 智弥

発行所　一般社団法人　農山漁村文化協会
〒107-8668　東京都港区赤坂7-6-1
電話　03（3585）1142（営業）　03（3585）1147（編集）
FAX　03（3585）3668　振替　00120-3-144478
URL.　http://www. ruralnet. or. jp/

ISBN 978-4-540-19108-4　製作/條 克己
〈検印廃止〉　印刷・製本/凸版印刷（株）

大玉・高糖度のサクランボつくり
―摘果・葉摘み不要の一本棒三年枝栽培

黒田実著　2,200円+税

摘果や葉摘みいっさいなしで鮮紅色の大玉が揃う。しかも低樹高で、肥料や農薬も少なくてすむ“目からウロコ”の技術。カナメは結果枝の三年枝更新と一本棒化。だれでもやれるシンプルなせん定を写真と図で解説。

〈大判〉図解　最新果樹のせん定
―成らせながら樹形をつくる

農文協編　2,100 +税

どこをどう切れば花芽がつくのか。毎年きちんと成らせるには、どんな枝の配置をすればよいのか。実際の樹を前に悩む疑問に応え、だれでもわかるせん定のコツを15種の果樹別に解説。活字も図も写真も見やすい大型本。

新版　せん定を科学する
―樹形と枝づくりの原理と実際

菊池卓郎・塩崎雄之輔著　1,900円+税

間引くより、切り返したほうが強く枝が反発する？　切り上げより、切り下げのほうが落ち着いた枝がつくれる？　プロでも迷うせん定のわざを科学的に体系だて、実用的に提示。よく成る枝・樹形づくりのリクツが読める。

だれでもできる
果樹の接ぎ木・さし木・とり木
―上手な苗木のつくり方

小池洋男編著／玉井浩ほか著　1,500円+税

苗木として仕立て上げる、あるいは高接ぎ枝が結果するまでのケアこそが、肝心カナメ。切り方、接ぎ方、さし方の実際から、本当に大事な接いだあとの管理まで豊富な図と写真で紹介。初心者からベテランまで役立つ。

だれでもできる
果樹の病害虫防除―ラクして減農薬

田代暢哉著　1,600円+税

果樹防除のコツは散布回数よりタイミングと量が大事。とくに生育初期はたっぷりかける！など、本当の減農薬を実現させるための〝根拠〟に基づく農薬知識、科学的防除法を解説。たしかな「防除力」を身につける。

（価格は改定になることがあります）

果樹　高品質多収の樹形とせん定

—光合成を高める枝づくり・葉づくり

高橋国昭著　2,400 円＋税

ビックリするような収量と品質をあげるには、光合成生産（物質生産）の量を増やし、それをいかに多く果実に分配するかが勝負。それをベースに高品質多収栽培の理論を確立し、生育目標、樹形とせん定、栽培法を解説。

農学基礎セミナー

新版　果樹栽培の基礎

杉浦明編著　1,900 円＋税

主要果樹から特産果樹 30 種を紹介。来歴と適地、品種の選び方、生育と栽培管理、整枝･せん定、土壌管理と施肥、病害虫・生理障害など、栽培の基礎をわかりやすく解説。農業高校教科書を一般向けに再編した入門書。

新版　ブドウの作業便利帳

—高品質多収と作業改善のポイント

高橋国昭／安田雄治著　2,000 円＋税

栽培理論の間違いや管理の思いちがいを解きほぐし、高品質多収のすじ道と作業改善の方法を豊富な図や写真でわかりやすく解説。シャイン、巨峰，デラを中心に、ハウス栽培、園地の造成と植付け、若木の管理も詳しい。

草生栽培で生かす

ブドウの早仕立て新短梢栽培

小川孝郎著　1,900 円＋税

樹形が明解なため、高齢者や婦人が整枝・せん定の判断や作業に安心して取り組め、2 年目から収穫開始でき、草生栽培によって土づくり、根づくりをする、大玉系の高品質果も安定多収できる栽培法を、豊富な図解で詳述。

ブルーベリーをつくりこなす

—高糖度、大粒多収

江澤貞雄著　1,600 円＋税

ピートモスやかん水で過保護に育てるのではなく、なるべくその土地の土でブルーベリー自身の力で育てるスパルタ栽培。植え付けがラクなうえ、樹はたくましく育つ。ブルーベリー本来の強さを引き出す手法をまとめた。

図解　リンゴの整枝せん定と栽培

塩崎雄之輔著　1,900円＋税

どのように鋏を入れ、ノコを使えばいいか、せん定の極意を体感的に伝授するほか、リンゴの年間管理も季節ごとに解説。世代交代した後継者が、技術、経営で独り立ちしていくための手引き書。イラストも豊富。

リンゴの高密植栽培

―イタリア・南チロルの多収技術と実際

小池洋男著　2,600円＋税

定植直後からの結実、早期多収、高品質果実の均質生産、作業の軽労化など世界が注目。イタリア南チロル発のトールスピンドル整枝による高密植栽培の実際を、苗木生産や樹形管理、整枝剪定など各構成技術別に詳解。

新特産シリーズ

パッションフルーツ

―プロから家庭栽培まで

米本仁巳／近藤友大著　1,600円＋税

強い香りがトロピカル、大きな花はパッショネイトで、パンチのきいた風味は一度食べたら忘れられない。若返り効果や栄養価のスゴさなど健康果実としても注目される熱帯果樹の栽培と愉しみ方。プロから家庭まで。

イチジクの作業便利帳

真野隆司編著　2,200円＋税

健康果実として人気のイチジク。しかし、意外と多い品質不良、収量の伸び悩み。なぜそうなのか？どうすればよいのか？こわい凍害や株枯病対策、水やりのテクニックなど栽培のコツ、作業改善のポイントを手ほどき。

原色　果樹の病害虫診断事典

農文協編　14,000円＋税

17種226病害、309害虫について約1900枚、260頁余のカラー写真で圃場そのままの病徴や被害を再現。病害虫の専門家92名が病害虫ごとに、被害と診断、生態、発生条件と対策の要点を解説。新しくなった増補大改訂版。

（価格は改定になることがあります）